卓越工程师
EXELLENT ENGINEER

SIGNALS AND SYSTEMS EXPERIMENTAL COURSE

# 信号与系统
## 实验教程

高 平 主编

许 波 谭 斐 副主编

U0198079

江苏大学出版社
JIANGSU UNIVERSITY PRESS
镇 江

图书在版编目(CIP)数据

信号与系统实验教程/高平主编.—镇江：江苏
大学出版社,2014.9
ISBN 978-7-81130-777-1

Ⅰ.①信… Ⅱ.①高… Ⅲ.①信号系统－实验－高等
学校－教材 Ⅳ.①TN911.6－33

中国版本图书馆 CIP 数据核字(2014)第 194265 号

**信号与系统实验教程**

XINHAO YU XITONG SHIYAN JIAOCHENG

主　　编/高　平
责任编辑/李经晶
出版发行/江苏大学出版社
地　　址/江苏省镇江市梦溪园巷 30 号(邮编：212003)
电　　话/0511-84446464(传真)
网　　址/http://press.ujs.edu.cn
排　　版/镇江文苑制版印刷有限责任公司
印　　刷/句容市排印厂
经　　销/江苏省新华书店
开　　本/718 mm×1 000 mm　1/16
印　　张/15
字　　数/302 千字
版　　次/2014 年 9 月第 1 版　2014 年 9 月第 1 次印刷
书　　号/ISBN 978-7-81130-777-1
定　　价/30.00 元

如有印装质量问题请与本社营销部联系(电话:0511-84440882)

# 前　言

　　现代高等教育目标对学生的实践能力和动手技能提出了更高的要求,提高学生的综合素质是其目标所在。培养高等院校学生的创新精神和实践能力,是培养新时期高素质人才的基本要求,实验教学是培养学生实际动手能力的重要途径。为了适应国家对高等院校人才培养的要求,满足电类相关专业学生实践能力培养的需要,提高学生在信号与系统分析和设计方面的能力,特编写本实验教程,以为学生的实验提供帮助和指导,为学生能力的培养创造条件。

　　本实验教程简要介绍了信号与系统实验必要的理论知识和基本原理,对信号与系统、数字信号处理中典型的分析和设计方法进行了说明,提供了信号与系统、数字信号处理的实验内容、步骤和要求,并针对每个实验涉及的理论知识,给出思考题。

　　全书包括 3 部分,第一部分为信号与系统基本原理,第二部分为信号与系统仪器实验,包括仪器设备使用说明、信号与系统实验及数字信号处理实验,第三部分为信号与系统仿真实验,包括信号处理的计算机仿真及信号系统仿真实验。简要说明了信号与系统课程中涉及的理论知识,并以此作为实验的基础;介绍了部分常用仪器和专用仪器、设备的实现方案和使用说明,给出信号与线性系统、数字信号处理的典型实验内容和方案;介绍了仿真实验软件 EWB 的使用和仿真方法,提供了设计性实验中电路的仿真手段。

　　本书内容丰富、全面,包含了验证性和设计性的实验项目,并试图使其具有通用性和专用性相结合的特点。其中,理论内容可脱离教材独立使用。

　　本书在江苏大学电气实验中心相关课程多年实验教学的基础上,由江苏大学电气信息工程学院高平、许波、谭斐、周新云、毛彦欣编写,对原实验教材进行了适当地修改和补充,并在实验教学中不断充实和完善。在编写过程中查阅了相关资料文献,借鉴了相关仪器设备的原始说明书,并得到学院和实验中心相关领导和老师的支持,在此一并表示感谢!

特别感谢江苏大学出版社及编辑老师给予的帮助和支持!

鉴于编者水平有限,书中难免有疏漏和不足之处,恳请广大读者批评指正,提出宝贵的意见和建议。

编 者

2014 年 8 月

# 目 录

▶ ▶ ▶ ▶ ▶ ▶ ▶ ▶

## Contents

1

# 第 1 篇

## 信号与系统基本原理

# 单元一

# 信号系统的分析

随着科学技术的进步和现代电子技术的飞速发展,人们每天都要接触各种载有信息的信号。在信号传输系统和处理系统中传输、处理的主体是信号,系统所包含的各种电路、设备则是实施这种传输或处理的途径和手段。因此,对电路、设备的设计和制造的要求取决于信号的特性。

## 1. 信号与线性系统

### 1) 信号的描述和分类

信号是随时间变化的物理量,只有变化的量中才可能包含信息;电信号随时间变化,通常表示为电压或电流。在信号分析中,信号和函数相通用,信号可以用时间的函数来描述。

可按不同特征对信号进行分类。

(1) 确定信号与随机信号

当信号表示为确定的时间函数时,若给定某一时间值,就可以确定一个相应的函数值,这样的信号就是确定信号,也称规则信号。正弦信号、脉冲信号、直流信号等都是规则信号。但是,带有信息的信号通常具有无法预知的不确定性,不能用确定的时间函数表示,只能知道其统计特性,这样的信号就是一种随机信号。随机信号不是一个确定的时间函数,当给定某一时间值时,其相应函数值并不确定,而只能确定此信号取某一数值的概率。严格地说,除了实验室产生的有规律的信号外,一般的信号都是随机信号。

确定信号是一种近似的、理想化的信号,采用确定信号,能够简化问题分析过程,方便工程上的实际应用。传输过程中的信号,除了人们所需要的带有信息的信号外,还会夹杂着噪声、干扰等不需要的信号,它们大都带有更大的随机性质。

(2) 连续信号与离散信号

按时间函数的自变量取值的连续与否,可将信号分为连续时间信号和离散时间信号。

　　确定信号表示为确定的时间函数,如果在某一时间间隔内,对于任何时间值,除了若干不连续点外,该函数都能给出确定的函数值,这种信号就称为连续信号。应注意的是,连续信号中可以包含不连续点,其幅值可以是连续的,也可以是离散的。

　　连续信号是指它的时间变量 $t$ 是连续的,为了表示得更加确切,通常也把这种信号称为连续时间信号。

　　和连续信号相对应的是离散信号。代表离散信号的时间函数只在某些不连续的时间值上给定函数值。离散信号实际上是指它的时间变量 $t$ 取离散值 $t_k$,因此这种信号通常也称为离散时间信号。

　　离散时间信号可以在均匀的时间间隔上给出函数值,也可以在不均匀的时间间隔上给出函数值,通常采用均匀的时间间隔。其幅值可以是连续的,也可以是离散的。

　　时间和幅值都连续的时间信号有时也称为模拟信号,幅值也取离散值的离散时间信号有时也称为数字信号。

　　(3) 周期信号与非周期信号

　　用确定的时间函数表示的信号,又可分为周期信号和非周期信号。周期信号是按一定的时间间隔周而复始、无始无终的信号;不满足这一要求的信号即为非周期信号。

　　严格数学意义上的周期信号,是无始无终地重复着某一变化规律的信号,这样的信号实际上是不存在的,通常周期信号是指在较长时间内按照某一规律重复变化的信号。

　　(4) 能量信号与功率信号

　　信号也可以按能量特点进行分类,但是,这种分类方法并没有包括所有信号。

　　在一定的时间间隔内,把信号施加在一个电阻负载上,负载就要消耗一定的信号能量。如果将时间间隔无限趋大,信号通常属于下述两种情况之一:信号总能量为有限值而信号平均功率为零;或者信号平均功率为有限值而信号总能量为无限大。属于前者的信号称为能量信号,因为这些信号只能从能量方面加以考察,无法从平均功率方面进行考察;属于后者的信号称为功率信号,对于这些信号,总能量没有意义,因而只能从功率方面加以考察。

　　在时间间隔无限趋大的情况下,周期信号都是功率信号;只存在于有限时间内的信号是能量信号,存在于无限时间内的非周期信号可以是能量信号,也可以是功率信号,应根据信号的具体函数而定。

　　(5) 因果信号与非因果信号

　　按信号所存在的时间范围,可将信号分为因果信号和非因果信号。若 $t<0$

时，$f(t)=0$，则信号 $f(t)$ 是因果信号；否则为非因果信号。

### 2）信号的特性

表示确定信号的时间函数包含信号的全部信息量。信号的特性首先表现为时间特性，通常由信号随时间变化的波形来描述。信号的时间特性主要表现信号随时间变化快慢的特性。所谓变化的快慢，一方面是指同一形状的波形重复出现的周期的长短；另一方面是指信号波形本身的变化速率。

除时间特性以外，信号还具有频率特性。一个复杂信号可以用傅里叶分析法分解为许多不同频率的正弦分量，而每一正弦分量以它的振幅和相位来表征。各个正弦分量振幅和相位可以分别按频率高低依次排列成频谱。这样的频谱，同样也包含了信号的全部信息。

复杂信号频谱中，各分量的频率理论上可以扩展至无限大，但是由于原始信号的能量一般均集中在频率较低的范围内，高于某一频率的分量在实际工程使用中可以忽略不计。每一信号的频谱都有一个有效的频率范围，这个范围称为信号的频带。

信号的频谱和信号的时间函数包含信号所带有的全部信息量，都能表现出信号的特点，因此，信号的时间特性和频率特性之间，不可能互不相关、互相独立，它们必然具有密切的联系。

### 3）信号的处理

从数学意义来说，对信号进行处理就是将信号经过一定的数学运算转变为另一信号。这种处理可以通过算法来实现，也可以让信号通过一个具体的硬件电路来实现。简单的信号处理通常包括叠加、相乘、平移、反褶、尺度变换等。

（1）信号的叠加与相乘

信号叠加处理的应用很多，如卡拉 OK 中演唱者的歌声与背景音乐的混合就是一种信号叠加的过程，影视动画中添加背景也是如此。在信号传输过程中，也常有不需要的干扰和噪声叠加进来影响正常信号的传输。

信号相乘常用于调制解调、混频、频率变换等系统的分析。

两个信号的相加或相乘，即为两个信号的时间函数的相加或相乘，反映在波形上则是将相同时刻对应的函数值相加或相乘。

（2）信号的延时

当信号通过多种不同路径传输时，所用的传输时间不同，因而将产生延时的现象。如电视台发射的无线电波信号，经接收天线附近的建筑物反射再传送到天线的信号，在时间上就要滞后于直接传输到天线的信号，从而造成重影现象；音频多径传输则产生混响；在雷达、声呐及地质探矿中反射的信号也比发射的信号要延迟一段时间，这些都可以看成信号在时间上的延迟。

（3）信号的尺度变换与反褶

当时间坐标的尺度发生变换时,将使信号产生伸展或压缩,如录像带播放慢镜头时的时间尺度变大造成信号展宽;而在播放快镜头时,则时间尺度变小进而造成信号压缩;如倒放则造成信号反褶。

在信号简单处理过程中常有综合时延、尺度变换与反褶的情况,这时相应的波形分析可分步进行。分步的次序可以有所不同,但因为在处理过程中,坐标轴始终是时间 $t$,因此,每一步的处理都应针对时间 $t$ 进行。

**4）系统的描述和分类**

所谓系统,从一般的意义上说,是一个由若干互相关联的单元组成,具有某种特定功能,用以达到某些特定目的的有机整体。其中的组成单元可以是较大的机器设备,也可以是一些电阻、电容元件连接而成的具有某种简单功能的电路,这些单元及其组成的体系也可以是非物理实体。系统涉及的范围十分广泛,且具有层次性。

系统通常是指产生信号或对信号进行传输、处理、存储、变换的器件或设备等。电子学中的系统,通常是各种不同复杂程度的用作信号传输与处理的元件或部件的组合体。系统通常被认为是比电路更为复杂、规模更大的组合,但实际上却很难从复杂程度或规模大小来确切区分电路和系统。

电路的观点,着重在电路中各支路或回路的电流及各节点的电压上;而系统的观点,则着重在输入与输出间的关系或者运算功能上。例如,一个 $RC$ 电路也可以认为是一个初级的信号处理系统,在一定的条件下具有微分或积分的运算功能。

在信号传输技术中,通常以系统的观点去分析问题。系统的功能和特性通过给定激励产生的响应来体现。通常将输入信号的函数 $e(t)$ 称为激励,输出信号的函数 $r(t)$ 称为响应。简单的系统是单输入、单输出的系统,复杂的系统可以是多个输入和多个输出的,不同的系统具有各种不同的特性。

按照系统的特性,可将系统进行如下的分类。

（1）线性系统和非线性系统

通常,线性系统是由线性元件组成的系统,非线性系统则是含有非线性元件的系统。但是,有的含有非线性元件的系统在一定的工作条件下,也可以看成是线性系统。因此,对于线性系统应该由它的特性来规定其确切的意义。

线性系统同时具有齐次性和叠加性。齐次性可表示为,当输入激励改变为原来的 $k$ 倍时,输出响应也相应地改变为原来的 $k$ 倍,$k$ 为任意常数。即如果由激励 $e(t)$ 产生的系统的响应是 $r(t)$,则由激励 $ke(t)$ 产生的该系统的响应是 $kr(t)$。

线性系统的叠加性可表示为,当有几个激励同时作用于系统时,系统的总响应等于各个激励分别作用于系统上所产生的分响应之和。例如,$r_1(t)$ 为系统在 $e_1(t)$

单独作用时的响应，$r_2(t)$ 为同系统在 $e_2(t)$ 单独作用时的响应，则在激励 $e_1(t)+e_2(t)$ 作用时，此系统的响应为 $r_1(t)+r_2(t)$。

在一般情况下，符合叠加条件的系统同时具有齐次性，但也存在并不同时具备齐次性和叠加性的系统。同时满足叠加性和齐次性的系统称为线性系统，电系统就属于线性系统。

对于初始状态不为零的系统，如将初始状态视为独立于信号源的产生响应的因素，则运用叠加性，系统的全响应可分为零输入响应与零状态响应两部分（其中外加激励为零时，由初始状态单独作用产生的响应，称为系统的零输入响应；初始状态为零时，由外加激励单独作用产生的响应，称为系统的零状态响应），这一点有时也被称为分解性。如果系统满足线性要求，即系统具有分解性且同时具有零输入线性与零状态线性，则该系统仍被视为线性系统。

（2）时不变系统和时变系统

根据系统中是否包含参数随时间变化的元件，系统又可分为时不变系统和时变系统。

时不变系统又称非时变系统或定常系统，其性质不随时间而变化，即具有响应的形状不随激励施加的时间而改变的特性。这种系统是由定常参数的元件构成的，例如通常的电阻、电容元件的参数 $R,C$ 等均视为是时不变的。

时变系统中包含时变元件，这些元件的参数是某种时间的函数。例如，变容元器件的电容量就是受某种外界因素控制而随时间变化的。时变系统的参数随时间而变化，所以其性质也随时间而变化。

系统的线性与否和时变与否是互不相关、相互独立的，线性系统既可是时变系统，也可是时不变系统；非线性系统也可是时变系统或时不变系统。

（3）连续时间系统与离散时间系统

连续时间系统和离散时间系统是由所传输和处理的信号的性质决定的。前者传输和处理连续信号，其激励和响应在连续时间的所有值上都有确定的意义；而后者有关的激励和响应信号则是不连续的离散序列。

在实际工作中，离散时间系统常常与连续时间系统联合运用，同时包含这两者的系统称为混合系统。连续时间系统和离散时间系统都可以是线性系统或非线性系统，同时也可以是时不变系统或时变系统。

（4）因果系统和非因果系统

对于一个系统，激励是起因，响应是结果，响应不可能出现于施加激励之前。符合因果律的系统称为因果系统，不符合因果律的系统称为非因果系统。

（5）其他分类

按照系统的参数是集总参数还是分布参数，系统可以分为集总参数系统和分布参数系统。

　　按照系统内是否含源,系统可以分为无源系统和有源系统。

　　按照系统内是否含有记忆元件,系统可以分为即时系统和动态系统。描述动态系统的数学模型是微分方程,描述静态系统的数学模型是代数方程。

　　通常研究的系统是集总参数的、线性时不变的连续时间和离散时间系统。

### 2. 线性时不变系统的分析

　　系统运算关系既满足线性又满足时不变的系统,即为线性时不变系统,简称为LTI 系统。对 LTI 系统的分析研究具有极其重要的意义,现已形成完整、严密的理论体系。

#### 1) LTI 系统分析的任务

　　LTI 系统分析的任务,通常是在给定系统的结构和参数的情况下研究系统的特性,包括:

　　① 已知系统的输入激励,求系统的输出响应。

　　② 根据已给的系统激励和响应,分析系统应有的特性。知道了系统的特性,就有可能去进一步综合这个系统,但综合任务通常不属于分析的范畴。

#### 2) LTI 系统分析的方法

　　在系统理论中,对线性时不变系统的分析具有特别重要的地位,这首先是因为许多实用的系统具有线性时不变的特性。有些非线性系统在一定的工作条件下,也可近似地认为具有线性系统的特性,因而可以用线性系统的分析方法加以处理,例如在小信号工作条件下的线性放大器就是如此。

　　其次是在系统理论中,只有线性时不变系统已经建立起一套完整的分析方法。对于时变的,尤其是非线性系统的分析,都存在一定的困难,实用的非线性系统和时变系统的分析方法,通常是在线性时不变系统分析方法的基础上加以引申得来的。

　　此外,由于线性时不变系统易于综合实现,因此工程上许多重要的问题都是基于逼近线性模型进行设计而加以解决的。

#### 3) LTI 系统分析的步骤

　　进行系统分析的第一步是建立系统的数学模型。为了能够对系统进行分析,需要先把系统的工作表达为数学形式。

　　确定了数学模型,系统分析的第二步就可以运用数学方法处理,例如解出系统在一定的初始条件和一定的输入激励下的输出响应。

　　系统分析的第三步,是对所得的数学解给以物理解释,赋予物理意义。

　　电路模型并非物理实体,其由一些理想元件组成,每个理想元件各代表系统的一种特性。这些理想元件的连接不必与系统中实际元件的组成结构完全相当,但它们结合的总体所呈现的特性,与实际系统的特性应该相近,也仅仅是从这些特性的角度说,电路模型才近似地代表了系统。

**4)系统分析的发展**

在连续时间系统中,线性动态系统的数学模型是线性微分方程,非线性系统的数学模型则是非线性微分方程。线性时不变系统的数学模型是常系数线性微分方程,时变系统的微分方程的系数是独立的时间函数。

根据建立数学模型时选取变量的方法不同,系统的微分方程可以是输入-输出方程,也可以是状态方程,即输入-输出描述法和状态变量描述法。

要分析线性时不变的连续时间系统,即在一定的初始条件和一定的激励下求取系统响应,就必须求解描述该系统的常系数线性微分方程。

求解微分方程的古典方法是时域分析中的直接解法。但对于复杂信号激励下的系统,用这种方法求微分方程的特解通常很困难,因此可改用变换域法求解。系统分析可用拉普拉斯变换法,利用叠加概念、卷积法在时域中进行分析。

目前,时域法和变换域法是系统分析的两种重要方法。这两种分析方法都是建立在线性叠加以及系统参数不随时间变化等基本概念上的。线性系统的分析,通常是指对线性时不变系统的分析。

随着数字技术的迅速发展,对离散时间系统的分析显得日益重要。线性离散时间系统的数学模型是线性差分方程,差分方程也可以是输入-输出方程或状态方程。求解差分方程也可以用时域法或变换域法,这里的时域法是和连续时间系统相类似的卷积法,而变换域法可以是Z变换或其他变换。

对工程技术的分析,通常不能只由数学模型求得数学解,还要进一步从中引出有用的物理结论和重要概念。例如,在许多情况下,要考察系统响应的解受系统参数的影响情况,需研究为了使系统响应达到所希望的结果应该采取的措施等问题。

# 单元二

# 连续时间系统的时域分析

## 1. 时域分析法

线性连续时间系统的分析,可以归结为建立并且求解线性微分方程。系统的微分方程包含表示激励和响应的时间函数以及它们对于时间的各阶导数的线性组合。系统的复杂性由系统的阶数表示,系统的微分方程的阶数就是该系统的阶数。

在系统分析过程中,如果不经过任何变换,则所涉及的函数的变量都是时间 $t$,这种分析方法称为时域分析法。为了便于求解方程,可将时间变量变换成其他变量,这种分析方法相应地称为变换域分析法。在傅里叶变换中将时间变量变换为频率变量进行分析,称为频域分析法。

微分方程的古典解法,是在高等数学中讨论的直接解法。该法将微分方程式的解分为两个组成部分,其一是与该方程相应的齐次方程(即令方程右方为零所得的方程)的通解,另一为满足此非齐次方程的特解。

齐次方程的通解为 $n$ 个指数项之和,其中包含 $n$ 个待定常数,要用 $n$ 个初始条件确定。作为系统的响应,解的这部分就是自然响应或称自由响应。满足非齐次方程的特解,应根据方程右方函数即系统的激励函数的具体形式来求解,解的这部分就是受迫响应。

对于一个可以用低阶微分方程描述的系统,如果激励信号又是直流、正弦或指数之类的简单形式的函数,那么用微分方程的古典解法分析线性系统较为方便。但是,如果激励信号是某种较为复杂的函数,求方程的特解就不太容易。特别是当系统又需用高阶微分方程描述时,利用古典法求解方程将非常困难。为了避免这种困难,可以利用变换域的方法求解微分方程并进行系统分析。

对较为复杂的系统,通常采用拉普拉斯变换法进行分析。但是,应用拉普拉斯变换法必须进行正反两次变换。

系统的响应并不一定要划分为自然响应和受迫响应两部分,也可以把它分为零输入响应和零状态响应。

零输入响应是系统在无输入激励的情况下仅由初始条件获得的响应;零状态响应是系统在无初始储能或称为状态为零的情况下,仅由外加激励源获得的响应。根据叠加原理,在分别求得这两个响应分量后再进行叠加,便可得到全响应。在求解零输入响应时,只要解出上述齐次方程,并利用初始条件确定解中的待定系数即可;在求解零状态响应时,则需求解含有激励函数而初始条件为零的非齐次方程。

对于复杂信号激励下的线性系统,为求解该系统的非齐次方程,除用直接求解方程法和变换域法外,还可以在时域中应用叠加积分法。此法是将激励信号分解为一些用较为简单的时间函数表示的单元信号,分别求取这种简单信号激励下的系统响应,然后根据线性系统的特性,将各单元信号的响应进行叠加而得到总的零状态响应。系统的全响应是零输入响应与零状态响应之和。

### 2. 信号的脉冲分解

信号分析中理想化信号的函数主要包括阶跃函数和冲激函数。利用这些函数,能够简便地表述电路的激励和响应。这些函数或其各阶导数都有一个或多个间断点,在间断点上的导数用一般方法不易确定。这样的函数统称为奇异函数。奇异函数并不仅仅包括阶跃和冲激两种函数。

① 周期性脉冲信号可以表示为奇异函数之和,某些脉冲信号用奇异函数表示特别方便。例如,矩形脉冲信号可以分解为两个幅度相同但跃起时间错开的正、负阶跃函数之和。

② 任意函数都可以表示为阶跃函数的积分。对于一个任意函数,不能像上述有规律的脉冲信号那样简单地用奇异函数之和来表示。对于光滑曲线代表的任意有始函数 $f(t)$,可以用一系列阶跃函数之和来近似地表示。

③ 任意函数可以表示为冲激函数的积分。对于任意函数 $f(t)$,除了上述用阶跃函数叠加近似地加以表示外,还可以用脉冲函数叠加来近似地表示。

### 3. 线性系统响应的时域求解

一个线性时不变系统对于某一激励函数的响应,可以看成由零输入响应和零状态响应两部分组成。零输入响应由系统的特性和起始计算时间($t=0$)系统的初始储能决定,可通过求解齐次方程得到。零状态响应则由系统的特性和外加激励函数决定,可由激励函数和系统的单位冲激响应相卷积得到。

# 单元三

# 连续信号的正交分解

## 1. 信号的傅里叶级数表示

用信号的傅里叶分析法,可以将周期信号表示为三角傅里叶级数或指数傅里叶级数。但是这种表示方法只是用正交函数集来表示信号的一例,还有许多其他正交函数集也可同样用来表示一个信号。表示信号的正交函数集也可以经过变换而有不同的选取方法,其变换也不影响所表示的函数本身。

因此,从用一个正交函数集变换到用另一个正交函数集去表示一个函数,应用较为方便。在各种正交函数集中,傅里叶级数既方便又很实用。除傅里叶级数外,工程技术中运用到的还有沃尔什函数、勒让德函数、切比雪夫函数等,它们都是正交函数集。

三角傅里叶级数和指数傅里叶级数可用于信号的频谱分析。

### 1) 三角傅里叶级数

余弦函数和正弦函数之间具有以下关系。

$$\int_{t_1}^{t_1+T} \cos^2(n\Omega t)\mathrm{d}t = \int_{t_1}^{t_1+T} \sin^2(n\Omega t)\mathrm{d}t = \frac{T}{2} \tag{1-1}$$

$$\int_{t_1}^{t_1+T} \cos(m\Omega t)\cos(n\Omega t)\mathrm{d}t = \int_{t_1}^{t_1+T} \sin(m\Omega t)\sin(n\Omega t)\mathrm{d}t = 0, m \neq n \tag{1-2}$$

$$\int_{t_1}^{t_1+T} \sin(n\Omega t)\cos(n\Omega t)\mathrm{d}t = 0, m,n \text{ 为任意整数} \tag{1-3}$$

式中,$T = \frac{2\pi}{\Omega}$,为上述三角函数的公共周期,$m$ 和 $n$ 均为正整数。

上述各余弦函数和正弦函数,在时间间隔 $(t_1, t_1+T)$ 内均互相正交,即在此间隔内,所有 $\cos(n\Omega t)$ 和 $\sin(n\Omega t)$ 合起来形成一正交函数集。用 $0, 1, 2, \cdots$ 整数作为 $n$ 代入,并注意到 $\cos 0° = 1$,则此正交函数集为 $1, \cos(\Omega t), \cos(2\Omega t), \cdots,$ $\cos(n\Omega t), \cdots, \sin(\Omega t), \sin(2\Omega t), \cdots, \sin(n\Omega t), \cdots,$ 而 $\sin 0° = 0$ 不计在此函数集内。当所取函数有无限多个时,这是一个完备的正交函数集。

对于任何一个周期为 $T$ 的周期信号 $f(t)$，都可以求出它在上述各函数中的分量，从而将此函数在区间 $(t_1, t_1+T)$ 内表示为

$$f(t) = \frac{a_0}{2} + a_1\cos(\Omega t) + a_2\cos(2\Omega t) + \cdots + a_n\cos(n\Omega t) + \cdots +$$

$$b_1\sin(\Omega t) + b_2\sin(2\Omega t) + \cdots + b_n\sin(n\Omega t) + \cdots$$

$$= \frac{a_0}{2} + \sum_{n=1}^{\infty}\left[a_n\cos(n\Omega t) + b_n\sin(n\Omega t)\right] \tag{1-4}$$

式(1-4)是函数 $f(t)$ 在区间 $(t_1, t_1+T)$ 内的三角傅里叶级数表达式。式中的系数 $\frac{a_0}{2}$ 和各 $a_n, b_n (n=1,2,3,\cdots)$ 都是分量系数。$\frac{a_0}{2}$ 实际上就是函数 $f(t)$ 在该区间的平均值，亦即直流分量。

当 $n$ 等于 1 时，$a_1\cos(\Omega t)$ 和 $b_1\sin(\Omega t)$ 合成一个角频率为 $\Omega = \frac{2\pi}{T}$ 的正弦分量，称为基波分量，$\Omega$ 称为基波频率。

当 $n$ 大于 1 时，$a_n\cos(n\Omega t)$ 和 $b_n\sin(n\Omega t)$ 合成一个频率为 $n\Omega$ 的正弦分量，称为 $n$ 次谐波分量，$n\Omega$ 称为 $n$ 次谐波频率。

各分量系数的计算公式如下

$$a_n = \frac{2}{T}\int_{t_1}^{t_1+T} f(t)\cos(n\Omega t)\mathrm{d}t \tag{1-5}$$

$$b_n = \frac{2}{T}\int_{t_1}^{t_1+T} f(t)\sin(n\Omega t)\mathrm{d}t \tag{1-6}$$

当 $n=0$ 时，$a_0 = \frac{2}{T}\int_{t_1}^{t_1+T} f(t)\mathrm{d}t$，则直流分量为

$$\overline{f(t)} = \frac{1}{T}\int_{t_1}^{t_1+T} f(t)\mathrm{d}t = \frac{a_0}{2} \tag{1-7}$$

则式(1-4)所示的三角傅里叶级数表达式可化为

$$f(t) = \frac{a_0}{2} + \sum_{n=1}^{\infty} A_n\cos(n\Omega t + \varphi_n) \tag{1-8}$$

系数 $a_n, b_n$ 和振幅 $A_n, \varphi_n$ 之间的关系为

$$A_n = \sqrt{a_n^2 + b_n^2}; \quad \varphi_n = -\arctan\left(\frac{b_n}{a_n}\right) \quad (1\text{-}9)$$

或 $\quad a_n = A_n\cos\varphi_n; \quad b_n = A_n\sin\varphi_n \quad (1\text{-}10)$

研究用三角傅里叶级数表示的方波，如图 1-1 所示，其正半周和负半周是形状全同的矩形，并可用函数式表示为

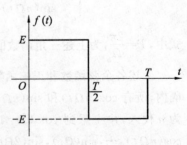

图 1-1　方波信号一个周期的波形

$$f(t)=\begin{cases}E, & \text{当 } 0<t<\dfrac{T}{2} \text{ 时}\\[2mm] -E, & \text{当 } \dfrac{T}{2}<t<T \text{ 时}\end{cases} \tag{1-11}$$

先将这一函数展开为三角级数,为此就要求出分量系数 $a$ 和 $b$。利用式(1-5)和式(1-6)计算 $a_0$,$a_n$ 和 $b_n$ 值为

$$a_0=\frac{2}{T}\int_0^T f(t)\mathrm{d}t=\frac{2}{T}\left(\int_0^{\frac{T}{2}}E\mathrm{d}t-\int_{\frac{T}{2}}^T E\mathrm{d}t\right)=0$$

$$a_n=\frac{2}{T}\int_0^T f(t)\cos(n\Omega t)\mathrm{d}t=\frac{2}{T}\left[\int_0^{\frac{T}{2}}E\cos(n\Omega t)\mathrm{d}t-\int_{\frac{T}{2}}^T E\cos(n\Omega t)\mathrm{d}t\right]=0$$

$$b_n=\frac{2}{T}\int_0^T f(t)\sin(n\Omega t)\mathrm{d}t$$

$$=\frac{2}{T}\left[\int_0^{\frac{T}{2}}E\sin(n\Omega t)\mathrm{d}t-\int_{\frac{T}{2}}^T E\sin(n\Omega t)\mathrm{d}t\right]=\begin{cases}\dfrac{4E}{n\pi}, & n \text{ 为奇数}\\[2mm] 0, & n \text{ 为偶数}\end{cases}$$

因此,该非周期性方波在 $(0,T)$ 内可以表示为

$$f(t)=\frac{4E}{\pi}\left\{\sin(\Omega t)+\frac{1}{3}\sin(3\Omega t)+\frac{1}{5}\sin(5\Omega t)+\cdots+\frac{1}{2n-1}\sin[(2n-1)\Omega t]+\cdots\right\}$$

$$\tag{1-12}$$

**2) 函数的奇偶性及其与谐波含量的关系**

当表示信号的时间函数满足 $f(-t)=-f(t)$ 的关系时,称该信号为时间 $t$ 的奇函数;当满足 $f(-t)=f(t)$ 的关系时,则称为时间 $t$ 的偶函数。如图 1-2 所示的周期三角形脉冲即偶函数;周期锯齿形脉冲即奇函数;余弦函数 $\cos(\Omega t)$ 和正弦函数 $\sin(\Omega t)$ 也分别是周期性的偶函数和奇函数。

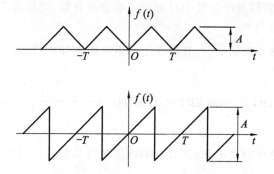

**图 1-2　周期性偶函数和奇函数**

偶函数和奇函数并不都是周期性的。偶函数关于纵坐标轴对称,奇函数关于原点对称。由对称关系可知,两个偶函数相乘或两个奇函数相乘所得的函数都是

13

偶函数,而一个偶函数和一个奇函数相乘所得的函数是奇函数。

根据对称关系,对于偶函数可以得出

$$\int_{-\tau}^{0} f(t)\,dt = \int_{0}^{\tau} f(t)\,dt \tag{1-13}$$

或

$$\int_{-\tau}^{\tau} f(t)\,dt = 2\int_{0}^{\tau} f(t)\,dt \tag{1-14}$$

式中,$\tau$ 是任一时间值。

对于奇函数则有

$$\int_{-\tau}^{0} f(t)\,dt = -\int_{0}^{\tau} f(t)\,dt \tag{1-15}$$

或

$$\int_{-\tau}^{\tau} f(t)\,dt = 0 \tag{1-16}$$

对于周期性偶函数和奇函数的谐波分量,由式(1-16)可将分量系数表示为

$$a_n = \frac{2}{T}\int_{-\frac{T}{2}}^{\frac{T}{2}} f(t)\cos(n\Omega t)\,dt$$

$$b_n = \frac{2}{T}\int_{-\frac{T}{2}}^{\frac{T}{2}} f(t)\sin(n\Omega t)\,dt$$

当 $f(t)$ 为偶函数时,$f(t)\cos(n\Omega t)$ 为偶函数,而 $f(t)\sin(n\Omega t)$ 为奇函数,根据对称关系可知 $b_n=0$。因此,若将周期性偶函数表示的信号分解为其谐波分量,则其中只包含余弦项谐波分量 $a_n\cos(n\Omega t)$,不包含正弦项谐波分量 $b_n\sin(n\Omega t)$,并且当函数的平均值不为零时还存在直流分量 $\frac{a_0}{2}$。

当 $f(t)$ 为奇函数时,则 $a_0=a_n=0$,因此在以周期性奇函数表示的信号中,只包含正弦项谐波分量 $b_n\sin(n\Omega t)$,而无直流分量和余弦项谐波分量 $a_n\cos(n\Omega t)$。例如,式(1-12)所示的傅里叶级数中只有正弦项谐波分量,就是因为方波构成的周期信号是奇函数。

周期三角形脉冲为偶函数,其展开的傅里叶级数如式(1-17)所示,其中只有直流分量和余弦分量。

$$f(t)=\frac{A}{2}-\frac{4A}{\pi^2}\left\{\cos(\Omega t)+\frac{1}{3^2}\cos(3\Omega t)+\frac{1}{5^2}\cos(5\Omega t)+\cdots+\frac{1}{(2n-1)^2}\cos[(2n-1)\Omega t]+\cdots\right\}$$
$$\tag{1-17}$$

周期锯齿形脉冲为奇函数,其展开的傅里叶级数如式(1-18)所示,其中只有正弦分量。

$$f(t)=\frac{A}{\pi}\left[\sin(\Omega t)-\frac{1}{2}\sin(2\Omega t)+\frac{1}{3}\sin(3\Omega t)+\cdots+\frac{(-1)^{n+1}}{n}\sin(n\Omega t)+\cdots\right]$$
$$\tag{1-18}$$

函数的奇偶性可由其关于坐标轴的对称关系确定,当移动坐标轴时,可以使奇、偶关系互相转变。

对于一般的非奇、非偶的信号,总可以分解为一个奇分量与一个偶分量的叠加,即

$$f(t) = f_o(t) + f_e(t) \tag{1-19}$$

考虑到奇分量 $f_o(-t) = -f_o(t)$,偶分量 $f_e(-t) = f_e(t)$,则有

$$f(-t) = f_e(-t) + f_o(-t) = f_e(t) - f_o(t) \tag{1-20}$$

将式(1-19)和式(1-20)联列求解可得信号的偶分量和奇分量如式(1-21)所示。

$$f_e(t) = \frac{f(t) + f(-t)}{2}$$

$$f_o(t) = \frac{f(t) - f(-t)}{2} \tag{1-21}$$

将信号分解为奇、偶分量,有时可使求解信号的傅里叶级数计算较为方便。

在实际工作中,常常遇到一些信号,表示它们的函数符合以下条件

$$f\left(t + \frac{T}{2}\right) = -f(t) \tag{1-22}$$

或

$$f\left(t + \frac{T}{2}\right) = f(t) \tag{1-23}$$

满足式(1-22)和式(1-23)的函数分别称为奇谐函数和偶谐函数。

奇谐函数是周期为 $T$ 的周期性函数,其任意半个周期的波形可通过将前半周期波形沿横轴反褶后得到,此类函数通常半周期为正值,半周期为负值,正负两半周期的波形完全相同。奇谐函数中只包含奇次谐波分量,不包含直流分量和偶次谐波。

偶谐函数与奇谐函数相对应,也是周期性函数,将负半周沿横轴反褶可得到正半周,任意半个周期的波形与前半周期的波形完全相同,是两半个周期全同的周期函数。偶谐函数只包含偶次谐波分量,不包含直流分量和奇次分量。

### 2. 周期信号的频谱

周期信号都可用傅里叶级数来表示。在求取代表各次谐波的各级数项时,只要求得各分量的振幅和相位,或者各分量的复数振幅,则各项就可完全确定。这样的数学表达式,虽然确切地表达了信号分解的结果,但通常不够直观。若将分解所得的各次谐波分量逐个画出并进行叠加,可以得到信号的波形图,这种方法虽然比较直观,却要很费时地作图。为了能既方便又直观地表示一个信号中所包含的频率分量以及各分量所占的比重关系,可采用频谱图的方法。

### 1) 方波信号的频谱

为进行频谱分析,现重新考察方波构成的周期信号,方波在一个周期内的函数表示如式(1-11)所示。将它分解为傅里叶级数后,其三角级数表示如式(1-12)所示,即

$$f(t) = \frac{4E}{\pi}\left\{\sin(\Omega t) + \frac{1}{3}\sin(3\Omega t) + \frac{1}{5}\sin(5\Omega t) + \cdots + \frac{1}{2n-1}\sin\left[(2n-1)\Omega t\right] + \cdots\right\}$$

由上式可以看出,信号中不包含偶次谐波分量,各奇次谐波的振幅为 $\frac{4E}{n\pi}$。

用不同长度的线段分别代表基波、三次谐波、五次谐波等各次分量的振幅,然后将这些线段按照频率高低依次排列起来,如图 1-3 所示,便构成方波的频谱图。图中每一条谱线代表基波或一个谐波分量,谱线的高度即谱线顶端的纵坐标位置,代表这一正弦分量的振幅,谱线所在的横坐标的位置代表这一正弦分量的频率。

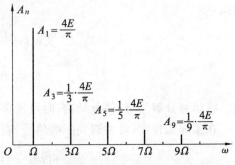

图 1-3　周期性方波信号的频谱图

从频谱图中可以看出信号所包含的正弦分量的频率,以及每个分量所占的比重。这种频谱只表示出各分量的振幅,所以称为振幅频谱。如果需要,也可以将各分量的相位用一条条线段表示,并且排列成谱状,这样的频谱就称为相位频谱。通常频谱即指振幅频谱。

由图 1-3 可以看出周期信号振幅频谱的特点:

① 这种频谱由不连续的线条组成,每一条线代表一个正弦分量,所以这样的频谱称为不连续频谱或离散频谱。

② 这种频谱的每条谱线,都只能出现在基波频率 $\Omega$ 的整数倍的频率上,频谱中不可能存在任何具有频率为基波频率非整数倍的分量。

③ 各条谱线的高度,即各次谐波的振幅,总的趋势是随着谐波次数的增高而逐渐减小的。当谐波次数无限增高时,谐波分量的振幅亦无限趋小。

频谱的这 3 个特点,分别称为频谱的离散性、谐波性、收敛性。这些特性虽然从一个特殊的周期信号得出,但是它们具有普遍意义。周期信号的频谱,也都具有这些特性。

### 2) 周期矩形脉冲信号的频谱

进一步研究周期矩形脉冲信号的频谱具有十分重要的意义。周期矩形脉冲信号如图 1-4 所示,其中 $A$ 为脉冲幅度,$\tau$ 为脉冲持续时间(亦称脉冲宽度),$T$ 为脉

冲重复周期。这种信号在一周期内的表示式为

$$f(t)=\begin{cases} A, & \text{当}-\dfrac{\tau}{2}<t<\dfrac{\tau}{2}\text{时} \\ 0, & \text{当}-\dfrac{T}{2}<t<-\dfrac{\tau}{2}\text{及}\dfrac{\tau}{2}<t<\dfrac{T}{2}\text{时} \end{cases}$$

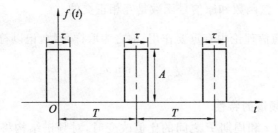

图 1-4　周期矩形脉冲信号

为求该信号的频谱，可求得其直流分量为

$$\frac{a_0}{2}=\frac{A_0}{2}=\frac{A\tau}{T}$$

该信号第 $n$ 次谐波的振幅为

$$A_n=\frac{2A\tau}{T}\left|\frac{\sin(n\pi\tau/T)}{n\pi\tau/T}\right| \tag{1-24}$$

由式(1-24)可见，振幅数值与 $\dfrac{\tau}{T}$ 有关。

如令 $T=4\tau$，并依次令 $n=0,n=1,n=2,\cdots$，分别求出 $A_0,A_1,A_2,\cdots$ 各次谐波的振幅值($A_0$ 是直流分量的 2 倍)。将这些振幅值用相应长度的线段代表并按频率高低依次排列，即可得到如图 1-5 所示的振幅频谱。

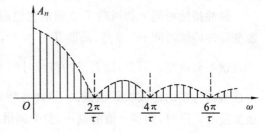

图 1-5　周期矩形脉冲振幅频谱

观察以上频谱图，可以看出它们同样具有离散性、谐波性和收敛性等特点。尽管这种频谱的振幅不是随着谐波次数的增大做单调地减小，而是有某些参差起伏的现象，但它们的总趋势仍是随着频率的增大而减小。

频谱谱线顶点连线所构成的包络线具有 $\dfrac{\sin x}{x}$ 的形式，这里的 $x$ 相当于 $\dfrac{n\Omega\tau}{2}$。但 $\dfrac{n\Omega\tau}{2}$ 是一个不连续的频率变量，而 $x$ 则是等于 $\dfrac{\omega\tau}{2}$ 的连续变量。包络线表示振幅

变化的规律。当 $x=\dfrac{\omega\tau}{2}$ 是 $\pi$ 的整数倍,或 $\omega$ 是 $\dfrac{2\pi}{\tau}$ 的整数倍时,频谱的包络线为零值。如果某些谐波的频率正好等于 $\dfrac{2\pi}{\tau}$ 的整数倍,则这些谐波的振幅等于零。可以证明,当 $T=4\tau$ 时,四次、八次、十二次等谐波的振幅均为零,如图 1-5 所示。这是因为这些谐波的正弦函数和原信号函数是互相正交的。

函数 $\dfrac{\sin x}{x}$ 在通信理论中有重要作用,称之为取样函数,记以符号 $\mathrm{Sa}(x)$,即有

$$\mathrm{Sa}(x)=\frac{\sin x}{x} \tag{1-25}$$

**3) 周期信号频谱的特性**

脉冲持续时间 $\tau$ 和周期 $T$ 之间的比值改变时,对频谱结构将产生影响。周期矩形脉冲在 $T=4\tau$ 的基础上,当脉冲连续时间 $\tau$ 不变而重复周期增大为 $T_1=8\tau$ 时,其频谱谱线间的间隔随周期增大相应地呈反比减小,即谱线逐渐密集了。这是因为相邻谱线间的间隔为基波频率 $\Omega=\dfrac{2\pi}{T}$,随着周期增大,基波频率就呈反比减小,同频率分量的振幅也相应呈成反比减小。当周期由 $T=4\tau$ 增大为 $T_1=8\tau$ 时,频谱图中的二次谐波振幅减小了一半。随着重复周期的增大,信号频谱相应地渐趋密集,频谱幅度也相应地渐趋减小,这也是周期性脉冲信号的共同特点。当周期 $T$ 无限增大时,频谱的谱线就无限密集,而频谱振幅则无限趋小,这时周期信号已经向非周期性的单脉冲信号转化。

脉冲持续时间 $\tau$ 和周期 $T$ 之间的比值的另外一种改变方法,是周期 $T$ 不变而改变脉冲持续时间 $\tau$。显然,周期 $T$ 不变时,基波频率也不变,所以频谱谱线间隔或疏密不会改变。但是,随着脉冲持续时间 $\tau$ 值减小,振幅为零的谐波频率 $\dfrac{2\pi}{\tau}$,$\dfrac{4\pi}{\tau}$ 等或振幅为零的谐波次数也提高了,而各项谐波振幅渐趋减小的收敛速度也相应地变慢了。同时,随着 $\tau$ 值的减小,整个频谱的振幅都相应地减小了。当 $T$ 不变而 $\tau$ 减小一半成为 $\tau_1$ 时,随着脉冲宽度的减小,频谱振幅收敛速度相应地变慢,整个频谱的振幅相应地减小,这也是周期性脉冲信号的共同特点。

**4) 信号频带宽度**

从理论上说,周期信号的谐波分量是无限多的。所取的谐波分量越多,叠加起来后的波形越接近原来信号的波形。但是,对于一些常见的实际信号,考虑过多的谐波分量,不但会在工作中造成困难,而且在实际应用中也是不必要的。因为谐波振幅具有收敛性,这类信号能量的主要部分集中在低频分量中,所以谐波次数过高的那些分量,已经没有重要意义,可以忽略不计。

在实际工作中,只要考虑次数较低的一部分谐波分量。对于一个信号,从零频率开始到需要考虑的最高分量的频率间的这一频率范围,是信号所占有的频带宽度,简称为频宽。

在实际应用中,对于包络线为取样函数的频谱,常常将从零频率开始到频谱包络线第一次过零点的那个频率之间的频带作为信号的频带宽度。

对于一般的频谱,也常将从零频率开始到频谱振幅降为包络线最大值 $\frac{1}{10}$ 的频率之间的频带定义为信号的频带宽度。

当信号能量的主要部分集中在某一较高频率 $\omega_c$ 附近时,信号的频宽仍是最大谱线的 $\frac{1}{10}$ 的频率,或以在 $\omega_c$ 附近第一次过零点的频率作为频带的边界。通常这时的频带宽度分布于 $\omega_c$ 的两边。

对于脉冲持续时间(脉冲宽度 $\tau$)变化时频谱结构的变化:当脉宽减小时,振幅收敛速度变慢,信号频宽将加大。当脉宽无限趋小,频宽也无限趋大,此时信号能量就不再集中在低频分量中,而是均匀分布于零到无限大的全频段。由此可见,脉冲信号的脉宽与频宽是呈反比变化的。

信号频带宽度反映了信号在时间特性和频率特性间的关系,在信号传输技术中具有十分重要的意义。在信号传输技术中,除矩形脉冲外,还常用到三角形脉冲及锯齿形脉冲的周期信号,根据它们的傅里叶级数式(1-17)和式(1-18)可以看出,周期三角形脉冲的谐波振幅按 $\frac{1}{n^2}$ 的规律收敛,而周期锯齿形脉冲的谐波振幅按 $\frac{1}{n}$ 的规律收敛。可见,没有跃变的三角形脉冲的级数比有跃变的矩形或锯齿形脉冲的级数收敛快,这种信号占有的频带宽度较窄。这反映了信号的时间特性和频率特性间的重要关系,即时间函数中变化较快的信号必定具有较宽的频带。

# 单元四

【信号与系统实验教程】

# 连续时间系统的频域分析

　　系统响应的时域求解法,是将信号在时域中分解成为多个冲激函数或阶跃函数之和,对每个单元激励可求得系统的响应,即加权的冲激响应或加权的阶跃响应,然后运用叠加积分的方法,在时域中将所有单元激励的响应叠加,即可求得系统对信号的总响应。

　　连续时间系统的频域分析法建立在线性系统具有叠加性与齐次性的基础上,其与时域分析法主要的不同之处在于信号分解的单元函数不同。在频域分析法中,信号分解的基本单元是等幅正弦函数。通过求取对每一单元激励产生的响应,并将响应叠加,再转换到时域得到系统的总响应。信号分解为一系列不同幅度、不同频率的等幅正弦函数,通过傅里叶级数或傅里叶变换就能加以解决。

### 1. 频域分析法描述

　　频域分析法运用正弦稳态分析讨论系统对任意信号所产生的响应,避开了求解微分方程的运算。线性系统的频域分析法是一种变域分析法,如图 1-6 所示,将时域中求解响应的问题通过傅里叶级数或傅里叶变换,转换成频域中以频率为变量的问题加以解决,在频域中求解后再转换回时域得到最终的结果。

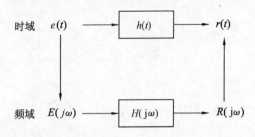

**图 1-6　频域分析法时域与频域转换**

　　频域分析法是变换法的一种,还有其他的变域方法。变换法的实质是通过函数变量的转换,使系统方程转换为便于处理的简单形式,从而使求解响应的过程得以简化。在频域分析法中,将时域中的微分方程变换成为频域中的代数方程,然后在频域中通过简单的代数运算求取响应的频域解,最后再由反变换重新得到时域中的响应。

通过变域,频域分析法将时域中的微分方程转换成频域中的代数方程,简化了运算,但必须增加两次积分变换。在输入端进行傅里叶正变换,将时域中的激励信号 $e(t)$ 转换为频域中的信号 $E(j\omega)$;在输出端则需要进行一次傅里叶反变换,将频域中的响应 $R(j\omega)$ 再转换回时域得到 $r(t)$。这两次积分变换的求解往往是不易的。另外,傅里叶变换的运用一般受绝对可积条件的约束,能适用的信号函数有所限制。

在分析连续时间系统响应问题时,频域分析法在系统分析中占有重要位置。因为频谱具有明确的物理意义,可以方便地说明许多只需定性分析的问题。

### 2. 信号通过系统的频域分析法

频域分析法是将信号分解为一系列的等幅正弦函数或虚幂指数函数,在求取系统对每一单元信号的响应后,将响应叠加,求得系统对复杂信号的响应。因此,频域分析法主要研究信号频谱通过系统以后产生的变化。因为系统对不同频率的等幅正弦信号系统所呈现的特性不同,因而对信号中各个频率分量的相对大小将产生不同的影响,同时各个频率分量也将产生不同的相移,使得各频率分量在时间轴上的相对位置产生变化。叠加所得的信号波形就不同于输入信号的波形,从而达到信号处理的目的。

频域中零状态响应 $R(j\omega)$ 与激励 $E(j\omega)$ 的函数 $H(j\omega)$ 称为频域的系统函数。

$$H(j\omega) = \frac{R(j\omega)}{E(j\omega)} \tag{1-26}$$

式中,$R(j\omega)$ 为零状态响应的频谱函数,$E(j\omega)$ 为激励信号的频谱函数。

对于电路网络,系统函数即为网络函数。式(1-26)是策动点函数与转移函数的统称。

如果系统由电路模型给出,则由电路的正弦稳态的相量分析方法,不难求得频域系统函数 $H(j\omega)$。

频域中系统函数是频率的函数,故又称为频率响应函数,简称频响。

$$H(j\omega) = |H(j\omega)| e^{j\varphi(\omega)} \tag{1-27}$$

式中,$|H(j\omega)|$ 为 $H(j\omega)$ 的幅值,其随频率 $\omega$ 的变化关系称为幅频响应。$\varphi(\omega)$ 则为 $H(j\omega)$ 的相位,其随频率 $\omega$ 的变化关系称为相频响应。引入频域系统函数的概念后,系统的频域分析方法可按下列步骤进行:

① 将激励信号分解为正弦分量。

可运用傅里叶积分将激励信号 $e(t)$ 展开为无穷多个频率分量之和,即求取其

频谱函数 $E(j\omega)$，它表示 $e(t)$ 中各频率分量的复数振幅的相对值，而某一频率为 $\omega$ 的分量的复数振幅为 $\dfrac{E(j\omega)\,d\omega}{\pi}$。

② 求出响应与激励间的系统函数 $H(j\omega)$。

③ 求取每一频率分量的响应。

对频率为 $\omega$ 的分量来说，其响应的复数振幅应为 $\dfrac{R(j\omega)\,d\omega}{\pi}=\dfrac{E(j\omega)\,H(j\omega)\,d\omega}{\pi}$，因此响应 $r(t)$ 的频谱函数为

$$R(j\omega)=E(j\omega)\,H(j\omega) \tag{1-28}$$

式(1-28)可由时域解法所得到的零状态响应 $r(t)=e(t)*h(t)$ 运用时域卷积定理，再对等式两边取傅里叶变换求得。可见，系统函数 $H(j\omega)$ 与单位冲激响应是一对傅里叶变换。

④ 从响应的频谱函数 $R(j\omega)$ 求傅里叶反变换即可得到响应 $r(t)$。

先将外加激励由时域转换到频域，根据系统的频率特性，在频域中进行代数运算，再将结果转回到时域得到需要求取的响应。在处理过程中，因瞬变过程是由激励的接入引起的，由其引起的附加频率分量在求取 $E(j\omega)$ 时已作了考虑。

### 3. 理想滤波器的响应

用频域分析法分析冲激信号与阶跃信号通过理想低通滤波器的问题，可以用来解决脉冲响应的前沿建立时间与系统带宽的关系，以及系统的可实现性问题。

理想低通滤波器具有如下的特性：它的电压传输系数的模量在通频带内为一常数，在通频带外则为零，同时它的传输系数的辐角在通频带内与频率成正比，即在通频带 0 到 $\omega_{c0}$ 内，系统函数可表示为

$$K(j\omega)=|K(j\omega)|\,e^{j\varphi_k(\omega)}=Ke^{-j\omega t_0}\,,\ |\omega|<\omega_{c0} \tag{1-29}$$

式中，$t_0$ 为相位特性的斜率。令 $K=1$，即为归一化的电压传输系数。对于激励信号中低于截止频率 $\omega_{c0}$ 的各分量，可一致均匀地通过，在时间上延迟同一段时间 $t_0$；而对于高于截止频率的各分量，则一律不能通过，即输出中这些分量为零。

对于冲激响应，如果理想低通滤波器的激励为冲激电压 $\delta(t)$，其频谱函数 $E(j\omega)=1$，则由式(1-28)可见，此时响应的频谱函数即为系统函数 $K(j\omega)$。因此，只要对式(1-29)给出的系统函数取傅里叶反变换，即可得到理想低通滤波器的冲激响应为

$$h(t)=\frac{1}{2\pi}\int_{-\omega_{c0}}^{\omega_{c0}}e^{-j\omega t_0}e^{j\omega t}\,d\omega=\frac{1}{2\pi}\int_{-\omega_{c0}}^{\omega_{c0}}e^{j\omega(t-t_0)}\,d\omega=\frac{\omega_{c0}}{\pi}\mathrm{Sa}\big[\omega_{c0}(t-t_0)\big]$$

$$\tag{1-30}$$

从式(1-30)可得,理想低通滤波器的冲激响应是一个延时的取样函数。

对于阶跃电压作用下的响应,激励为阶跃电压 $e(t)=\varepsilon(t)$,即在 $t=0$ 时接入一幅度为 1 的直流电压。这个阶跃电压的频谱为 $E(\mathrm{j}\omega)=\pi\delta(\omega)+\dfrac{1}{\mathrm{j}\omega}$。

可以得到输出电压的频谱为

$$U(\mathrm{j}\omega)=E(\mathrm{j}\omega)K(\mathrm{j}\omega)=\begin{cases}\left[\pi\delta(\omega)+\dfrac{1}{\mathrm{j}\omega}\right]\mathrm{e}^{-\mathrm{j}\omega t_0}, & |\omega|<\omega_{c0}\\ 0, & |\omega|>\omega_{c0}\end{cases} \tag{1-31}$$

对式(1-31)求傅里叶反变换即可得到输出电压 $u(t)$,即 $u(t)=\dfrac{1}{2\pi}\displaystyle\int_{-\infty}^{\infty}U(\mathrm{j}\omega)\cdot$

$\mathrm{e}^{\mathrm{j}\omega t}\mathrm{d}\omega$,代入式(1-31)则得输出频谱函数为

$$u(t)=\frac{1}{2\pi}\left[\int_{-\omega_{c0}}^{\omega_{c0}}\pi\delta(\omega)\mathrm{e}^{\mathrm{j}\omega(t-t_0)}\mathrm{d}\omega+\int_{-\omega_{c0}}^{\omega_{c0}}\frac{\mathrm{e}^{\mathrm{j}\omega(t-t_0)}}{\mathrm{j}\omega}\mathrm{d}\omega\right] \tag{1-32}$$

根据冲激函数的取样性,再考虑到被积函数的奇偶性,式(1-32)可化简为

$$u(t)=\frac{1}{2}+\frac{1}{\pi}\int_{0}^{\omega_{c0}(t-t_0)}\frac{\sin[\omega(t-t_0)]}{\omega(t-t_0)}\mathrm{d}\omega(t-t_0)=\frac{1}{2}+\frac{1}{\pi}\mathrm{Si}[\omega_{c0}(t-t_0)]$$

$$\tag{1-33}$$

式中,$\mathrm{Si}(x)=\displaystyle\int_{0}^{x}\frac{\sin y}{y}\mathrm{d}y$ 是一个正弦积分函数。

#### 4. 调制与解调

##### 1) 调制与解调的概念

声音、图像、编码等信号不能直接以电磁波的形式辐射到空间进行远距离传输,因为只有当馈送到天线的信号频率足够高,即波长足够短,使天线的尺寸可以与波长比拟时,才会有足够的电磁能量辐射到空间去。上述信号频谱中主要分量的频率都较低,其相对应的波长可在十几千米到几十千米的范围内,要制造出能辐射这种波长的电磁波的天线是不可能的。

即使有可能把这种低频信号辐射出去,各个电台所发出的信号也将混在一起,互相干扰,使接收者无法选择所需要的信号。为了将信号辐射出去,必须将信号附加到高频振荡上。同时,不同的电台可以使用不同的高频频段。接收者利用一个具有带通特性的选频网络,就可将所需电台的信号接收下来,避免互相干扰。这种将待传输的信号附加到高频振荡的过程,就是调制的过程。

调制通常是通过待传输的低频电信号即调制信号,去控制另一个高频振荡的振幅、频率或初相位等参数来实现的。一个未经调制的正弦波可以表示为 $a_0(t)=A_0\cos(\omega_c t+\varphi_0)$,其中 $A_0$ 为振幅,$\omega_c$ 为振荡频率,$\varphi_0$ 为初相位,都是恒定不变的常

数。如果用待传输的调制信号去控制这个高频振荡的振幅,使得振幅不再是常数而是按调制信号的规律变化,这样的调变振幅过程称为幅度调制,简称调幅(AM)。

如果调变的是高频振荡的频率或初相位,则分别称为频率调制或相位调制,简称为调频(FM)或调相。调频和调幅都表现为总相角受到调变,统称为角度调制,简称为调角。

调幅、调频和调相,都是由调制信号直接控制高频振荡的某一参数达到的。除此以外,现在还广泛应用一种称为脉冲调制的调制方法。这种调制是由调制信号去控制一个脉冲序列的脉冲幅度、脉冲宽度或脉冲位置等参数,或者去控制脉冲编码的组合,以形成已调制的脉冲序列。在调制时,未调的高频振荡起着运送低频信号的运载工具的作用,所以称之为载波。载波的频率称为载频,数值从几百千赫到数千兆赫。载波不一定是正弦波,也可以采用非正弦波,如方波等。

经过调制后的高频电波称为已调波。按照所采用的调制方式,已调波可分为调幅波、调频波、调相波和脉冲调制波等。调频波和调相波合称调角波。脉冲调制波是调制后所得的已调脉冲序列。调幅波和调角波都是连续波,而脉冲调制波则是不连续的脉冲波。

调制的过程并不是将调制信号和载波进行叠加的过程,已调波的波形也不能用调制信号波和载波相加得到。调幅的过程是频谱搬移的过程,调幅时,必须用调制信号去乘作为载波的高频振荡。为了实现调制,必须采用非线性电子器件。

解调是调制的逆过程,也就是从已调制信号中恢复或提取出调制信号的过程。在解调时也要通过信号相乘以实现频谱搬移,从而恢复调制信号。对调幅信号的解调也称为检波,而调频与调相信号的解调也称为鉴频与鉴相。

### 2) 抑制载频调幅(AM-SC)

调幅的过程就是用调制信号来控制载频幅度的过程,这个过程可以通过乘法器来实现,考察其输出信号的频谱结构,可设输入信号 $e(t)$ 不包含直流分量,且其频谱为一带限频谱,载波信号的频谱为一对处于 $\pm \omega_c$ 处强度为 $\pi$ 的冲激,由频域卷积定理可见,在已调信号中频谱被搬移到 $\pm \omega_c$ 附近,但仍保持原调制信号的频谱结构形式,仅幅度大小减小一半,原信号包含的信息在调幅过程中并没有消失,即已调信号中仍然保留了原调制信号的信息。且调制信号的能量集中在零频率附近,其频宽 $B = \omega_m$,而已调信号能量则集中在载波频率附近形成两个边带,大于 $\omega_c$ 的部分,即 $\omega_c \sim \omega_c + \omega_m$ 的频谱称为上边带;小于 $\omega_c$ 的部分,即 $\omega_c - \omega_m \sim \omega_c$ 的频谱称为下边带。频宽为两个边带宽度之和,$B_A = 2\omega_m = 2B$,即已调信号的频宽为调制信号频宽的 2 倍。

从已调信号中恢复原调制信号的过程,称为解调,同样可以通过频谱搬移恢复原调制信号的频谱结构来实现。在这种解调方案中,要求接收端解调器所加的载频信号必须与发送端调制器中所加的载频信号严格地同频同相,这种解调方案,称为同步解调。如果二者不同步,则将对信息传输带来不利影响。如二者频率不同步,则从上述频谱搬移、叠加的过程可以看出,将无法恢复原来信号的频谱结构,从而使传送的信号失真。

### 3) 振幅调制(AM)

同步解调器要求接收端必须具有与发送端严格同步的载波信号,因而其结构较为复杂,造价也高。为了简化解调器的结构、降低接收机的价格,多采用常规调幅的方式。即在发射端产生边带信号的同时,加入一载频分量,以使已调信号的振幅按调制信号规律变化,即使已调信号的包络线与调制信号呈线性关系,这种调制方式称为振幅调制,简称为调幅。

调幅的过程中,在调制信号中加入一直流分量 $A_0$,以形成载频信号。

振幅变化过程中幅度不能为负值,为了保证调幅信号的包络线与调制信号变化规律一致,$A_0$ 必须大于 $|e(t)|_{max}$,当此条件不满足时就称为过调幅。虽然过调幅时已调信号仍然包含有调制信号的信息,但不能由其包络线反映,也就不能通过检测包络线恢复原来的信号。

在一般情况下,无线广播系统的调制信号近似于一平均分量为零的周期信号。调制信号为周期信号,其频谱函数为分布于零频率附近的一系列的冲激,冲激之间的间隔为基波频率 $\Omega = \dfrac{2\pi}{T}$;各冲激的调度为 $\pi E_{nm}$,正比于各项谐波分量的振幅。

理论上,这些冲激在频率轴上应有无穷多个,即谐波次数 $n$ 应取无穷大。考虑到频谱函数的收敛性,实际上 $n$ 只取有限值,从而形成调制信号的占有频带。如只取至三次谐波,则调制信号的频宽为 $B=3\Omega$。通过调幅的频谱搬移,将调制信号的频谱搬至以 $\pm\omega_c$ 为中心的位置就构成了已调幅信号的频谱。调制信号中每一谐波分量构成已调信号中一对边频分量,分布于频谱 $\omega_c$ 左右,从而形成上、下边带。因为边频分量的间隔仍为 $\Omega$,因此调幅信号的频宽将为调制信号频宽的 2 倍,即 $B_A = 2B = 6\Omega$。

考虑到频谱结构的对称性,上、下两个边带中只要具有任何一个,就可以完全地反映出调制信号的频谱结构,或者说,就已经包含了调制信号中的全部信息量。因此,除了抑制载波外,还可以进一步滤除两个边带中的一个,而只发射一个上边带或一个下边带。这样一种传送信号的方式称为单边带(Single Sideband,SSB)通信。在接收处为了恢复原调制信号,可以将接收到的单边带信号与接收机中提供的载频信号相乘,将信号的频谱重新搬移到原调制信号频谱的位置,再由低通滤波器滤出。这里仍要求发射的载频信号与接收处产生的载频信号同步。

单边带通信不仅节省发射功率,而且使发射的已调波的频带压缩为原来的一

25

半,从而使得拥挤的信道中可以增加同时传送的信号数目,但这些是以增加设备的复杂程度为代价的。此外,要从调幅波中只取出一个边带而完全滤除载波和另一个边带,实现起来技术上也有相当大的困难,所以有时就采用所谓残留边带(Vestigial Sideband,VSB)的单边带传输方式。这时,将一个边带不加抑制地进行传输,对载波和另一个边带则大部分加以抑制而只传输一小部分。

### 5. 信号通过线性系统不失真的条件

一般情况下线性系统的响应波形与激励波形是不同的,信号在通过线性系统传输的过程中产生了失真。这种失真是由两方面因素造成的,一是系统对信号中各频率分量的幅度产生了不同程度的衰减,使各频率分量幅度的相对比例发生变化,造成幅度失真;另一是系统对各频率分量产生的相移不与频率成正比,使各频率分量在时间轴上的相对位置发生变化,造成相位失真。在这种失真中信号并没有产生新的频率分量,是一种线性失真。

在信号传输技术中,除了需要用电路进行波形变换的场合外,总是希望传输过程中信号的失真最小。

假设系统在输入信号 $e(t)$ 激励下产生响应 $r(t)$,如果信号在传输过程中不失真,则响应 $r(t)$ 应与激励 $e(t)$ 波形相同,在数值上可能相差一个因子 $K$($K$ 是一个常数),同时在时间上也可能延迟一段时间 $t_0$。

激励与响应的关系可表示为

$$r(t) = Ke(t - t_0) \tag{1-34}$$

设输入激励的频谱函数为 $E(j\omega)$,则从延时特性可知

$$R(j\omega) = KE(j\omega)e^{-j\omega t_0} \tag{1-35}$$

同时有

$$R(j\omega) = H(j\omega)E(j\omega) \tag{1-36}$$

比较式(1-35)及式(1-36)可得,在信号不失真传输的情况下,系统转移函数应为

$$H(j\omega) = |H(j\omega)|e^{j\varphi_H(\omega)} = Ke^{-j\omega t_0} \tag{1-37}$$

即转移函数的模量 $|H(j\omega)|$ 应等于 $K$,$K$ 为常数,其辐角 $\varphi_H(\omega)$ 应等于 $-\omega t_0$,即滞后角与频率呈正比变化。

当系统转移函数的模量为常数时,响应中各频率分量与激励中相应的各频率分量都相差一个因子 $K$,响应中各频率分量间的相对振幅将与激励中一样,因此没有幅度失真。但这还不足以说明信号不失真,因为要两个波形相同,还需要保证每个波形中包含的各个分量在时间轴上的相对位置不变,即响应中各个分量与激励中相应的各分量应当滞后相同的时间。

要使每一频率分量通过系统时的延迟时间相等,则每一分量通过线性系统时

产生的相移必须与其频率呈正比。

为了使信号传输时不产生相位失真,信号通过系统时谐波的相移必须与其频率呈正比,即系统的相频特性应该是一条经过原点的直线,满足 $\varphi_H(\omega) = -\omega t_0$。

要使任意波形的信号通过线性系统不产生波形失真,系统应具备下述两个理想条件:

① 系统的幅频特性在整个频率范围中应为常数,即系统具有无限宽的响应均匀的通频带。

② 系统的相频特性应是一条经过原点的直线。

显然,在传输有限频宽的信号时,上述的理想条件可以放宽,只要在信号频带范围内系统满足上述理想条件即可。

在传输调幅的高频信号时,通常只要求振幅的包络线不产生失真,对高频振荡的相位关系并没有要求。在此情况下,上述第二条理想条件还可以放宽,虽然要求系统的相位特性仍为一条直线,但可不通过原点。响应中各频率分量相对于激励中相应的各频率分量延迟的时间虽不相同,但输出信号的包络线并不变形,只是延时了一段时间 $t_0$,这种包络延时称为群时延,其大小等于相位特性的斜率。而系统转移函数的相角 $\varphi_0$ 对于包络线的形状并不产生影响,只使响应中的高频振荡对于激励中的高频振荡滞后了一个相角 $\varphi_0$。

满足前述两个理想条件的线性系统有两种:一种是由纯电阻构成的系统;另一种是终端接有匹配负载的非色散传输线(非色散是指任何频率的电波沿线的传输速度都相同)。对于由纯电阻构成的系统,因为没有电抗元件,它对所有的频率分量都呈现同样的转移函数,即没有频率选择作用;同时因为系统没有储能元件,系统在某个瞬间的响应只取决于此瞬间的激励,所以这种系统也称为即时系统。显然该系统是不产生相移的,信号的延迟时间为零。对于终端接有匹配负载的非色散传输线,此时线上只有行波,系统传输函数的模量为常数,不随频率变化;其相位特性是一条通过坐标原点的直线。

信号传输技术中线性系统的幅频特性与相频特性具有密切联系,但通常都不符合上述理想条件,因此,在传输过程中失真是不可避免的。为了使失真能限定在允许的范围内,通常要求系统的通带与信号的频带相适应。

在通信技术中常用的带通滤波电路,通常是一种窄频带的选择性电路,只在中心频率附近一狭小频段内具有灵敏的反应。因此它不宜用来传送宽频带的信号(如边缘陡峭的脉冲),否则将使信号产生很大的失真。通常它只被用来传输已调高频信号,因为这些信号的频谱集中在载频附近较窄的范围内,如果滤波器的通频带足够宽,则信号将不会产生太大的失真。所以单就减小失真来看,通频带愈宽愈好,但通频带增宽将带来干扰与噪声的增加。

27

　　理想的选频曲线是矩形的,其通带足以包含被传输信号的有效频带,且在频带内传输系数$|K(j\omega)|$为一常数,相位特性则为一条直线,通带之外传输系数则陡降为零。显然这样的选频特性就可以兼顾选择性与传输不失真的要求了,这就是理想的带通特性。

　　对于具有典型意义的低通滤波器电路,可用来传输脉冲信号,但不宜传输高频振荡。经分析可知,脉冲通过低通滤波器时,前沿上升时间将发生变化,这种变化是与截止频率$\omega_{c0}$呈反比的。因此可以得出结论:滤波器通带愈宽,则输出响应的失真愈小。但设计滤波器时不能只从减小失真考虑,也应考虑到对干扰信号的抑制等问题。

# 单元五

# 连续时间系统的模拟

对一个系统进行分析的方法包括时域分析法和频域分析法。对系统进行数学描述和分析十分重要，就高阶系统而言，数学处理通常较为困难，但系统的参数和输入信号改变时，系统的响应可通过模拟观察，确定最佳的系统参数和工作条件。

系统的模拟是指数学意义上的模拟，用来模拟的装置和原系统在输入和输出关系上可以用同样的微分方程来描述。系统模拟可用几种基本的运算器组合起来的图形加以表示，每种基本运算器代表完成一种功能的装置，系统的模拟图包括时域和复频域模拟图。

模拟图使用的基本运算器包括 3 种，即加法器、标量乘法器和积分器。加法器的输出信号是其输入信号之和，标量乘法器的输出信号是输入信号的 $a$ 倍，$a$ 为标量。加法器、标量乘法器和初始条件为零的积分器在时域中的模型图如图 1-7 所示。

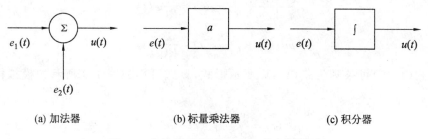

(a) 加法器　　　　　　　(b) 标量乘法器　　　　　　(c) 积分器

**图 1-7　加法器、标量乘法器和积分器模型**

## 1. 一阶电路的响应

由一个电阻器和一个电容器串联而成的一阶电路，其电路图模型通常可以用如图 1-8 所示的电路代表。对于这一电路图，可将 $R$ 理解为代表电阻器的阻值，$C$ 代表电容器的容量。这只是在频率较低时的一种近似，一阶阻容电路模型是实际电路的一个低频模型。

实际的电阻器还具有分布电容和引线电感,实际的电容器还具有漏电导和引线电感,当工作频率较高时,这些因素都必须加以考虑。这时,一个单独的电阻器或电容器本身就要用若干个理想元件组成的等效电路来表示,所以实际阻容电路的高频模型比低频模型复杂得多。工作频率更高时,电路将呈现分布参数的特性,不能用集总参数的模型表示。

对于一阶阻容电路,电阻电压 $u=Ri$,电容两端电压 $u=\dfrac{q}{C}=\dfrac{1}{C}\displaystyle\int_{-\infty}^{t}i(\tau)\mathrm{d}\tau$。若图 1-8 所示的 $RC$ 电路输入端加上一电压源 $e(t)$,以电容上电压作为输出,则根据基尔霍夫电压定律可写出该系统的输入输出方程,如式(1-38)所示。

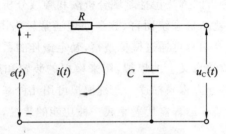

图 1-8　一阶阻容电路模型

$$RC\frac{\mathrm{d}u_C(t)}{\mathrm{d}t}+u_C(t)=e(t) \tag{1-38}$$

其微分方程和算子方程分别如式(1-39)和式(1-40)所示。

$$\frac{\mathrm{d}u_C(t)}{\mathrm{d}t}+\frac{1}{RC}u_C(t)=\frac{1}{RC}e(t) \tag{1-39}$$

$$pu_C(t)+\frac{1}{RC}u_C(t)=\frac{1}{RC}e(t) \tag{1-40}$$

式(1-40)可整理为式(1-41)所示形式,该式可用如图 1-9 所示的模拟框图表示。

$$u_C(t)=\frac{1}{p}\frac{1}{RC}\big[e(t)-u_C(t)\big] \tag{1-41}$$

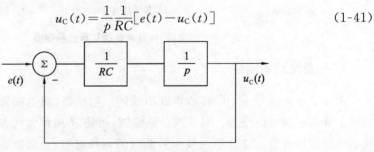

图 1-9　一阶阻容电路模拟框图

当 $RC=1$ 时,式(1-41)可简化为式(1-42),此时,图 1-9 可简化为图 1-10 所示的模拟框图。

$$u_C(t)=\frac{1}{p}\big[e(t)-u_C(t)\big] \tag{1-42}$$

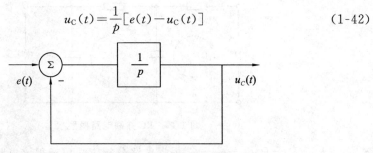

图 1-10　一阶阻容电路的简化模拟框图

#### 2. 二阶系统的响应

##### 1) RLC 串联电路的响应

RLC 串联电路如图 1-11 所示,其由电阻器、电感器和电容器串联组成,列写电路方程如式(1-43)所示。

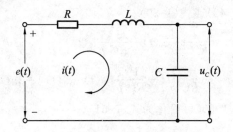

图 1-11　RLC 串联电路模型

$$L\frac{\mathrm{d}i(t)}{\mathrm{d}t}+Ri(t)+\frac{1}{C}\int_{-\infty}^{t}i(\tau)\mathrm{d}\tau=e(t) \tag{1-43}$$

电路的微分方程可由式(1-43)得到,如式(1-44)所示。

$$L\frac{\mathrm{d}i^2(t)}{\mathrm{d}t^2}+R\frac{\mathrm{d}i(t)}{\mathrm{d}t}+\frac{1}{C}i(t)=\frac{\mathrm{d}e(t)}{\mathrm{d}t} \tag{1-44}$$

式(1-44)是一个二阶微分方程,因此,RLC 电路是一个二阶系统。由式(1-43)和式(1-44)可分别得到对应的算子方程为

$$Lpi(t)+Ri(t)+\frac{1}{Cp}i(t)=e(t) \tag{1-45}$$

$$Lp^2i(t)+Rpi(t)+\frac{1}{C}i(t)=pe(t) \tag{1-46}$$

##### 2) RC 并联电路的响应

RC 并联电路如图 1-12 所示。

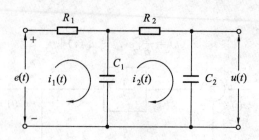

**图 1-12 RC 并联电路模型**

令 $R_1 = R_2 = R$，$C_1 = C_2 = C$，根据电路分析方法可求得该电路的微分方程如式 (1-47) 所示。

$$\frac{\mathrm{d}^2 u(t)}{\mathrm{d}t^2} + \frac{3}{RC}\frac{\mathrm{d}u(t)}{\mathrm{d}t} + \frac{1}{R^2 C^2}u(t) = \frac{1}{R^2 C^2}e(t) \tag{1-47}$$

其算子方程如式 (1-48) 所示。

$$p^2 u(t) + \frac{3}{RC}pu(t) + \frac{1}{R^2 C^2}u(t) = \frac{1}{R^2 C^2}e(t) \tag{1-48}$$

整理后可得式 (1-49) 或式 (1-50)。

$$u(t) = \frac{1}{R^2 C^2}\frac{1}{p^2}e(t) - \frac{3}{RC}\frac{1}{p}u(t) - \frac{1}{R^2 C^2}\frac{1}{p^2}u(t) \tag{1-49}$$

$$u(t) = -\frac{1}{RC}\frac{1}{p}\left\{-\frac{1}{RC}\frac{1}{p}\left[e(t) - u(t)\right] + 3u(t)\right\} \tag{1-50}$$

当 $RC = 1$ 时，式 (1-50) 可简化为式 (1-51)。

$$u(t) = -\frac{1}{p}\left\{-\frac{1}{p}\left[e(t) - u(t)\right] + 3u(t)\right\} \tag{1-51}$$

# 单元六

【信号与系统实验教程】

# 信号的采样与恢复

信号按照其时间变量 $t$ 是否连续,可分为连续时间信号和离散时间信号。表示离散时间信号的函数,只在一系列互相分离的时间点上有定义,在其他的时间点上则未定义,这样的函数是离散时间变量 $t_k$ 的函数。

离散时间信号可以通过将连续时间信号进行取样得到,离散时间 $t_1, t_2, \cdots, t_k$ 就是取样那一瞬间的时间。取样时间间隔可以是均匀间隔的,也可以是不均匀间隔的,但通常都采用均匀间隔,使得分析和处理较为方便。

离散时间信号是一个有序的数值序列,是坐标平面中一系列的点。通常将离散的函数值像频谱那样画成一条条的垂直线,每条直线的端点才是实际的函数值。

在数字技术中,函数的取样并不能任意取值,必须将幅度加以量化,即幅度只能取接近预定的若干数值之一,这种经过量化的离散时间信号称为数字信号。在实际应用中,数字信号的量化幅值通常用二进制数表示。

离散时间信号简称离散信号,可以表示为一个离散的数值序列,其中每一数值按一定的函数规律随离散变量 $kT$ 变化($k$ 为整数,是一个表示次序的序号)。离散信号则可以用离散时间函数 $f(kT)$ 来表示,是时间 $t$ 的函数,其函数值仅在离散的时间值 $t=0, \pm T, \pm 2T, \cdots$ 处被定义,常记为离散时间序列 $f(k)$。

如果系统的输入和输出信号都是离散时间的函数,则该系统为离散时间系统。在实际工作中,离散时间系统通常是与连续时间系统联合运用的,同时具有这两者的系统称为混合系统。实用的自动控制系统和数字通信系统等都属于混合系统。

## 1. 取样信号与取样定理

离散时间系统中处理的信号都是离散信号,而实际应用中的信号通常都是连续信号,进行信号处理时,可以每隔一定时间测量一次连续信号以抽取样本数值,将连续信号转变成离散信号进行处理。

### 1) 取样信号

信号的取样由取样器来进行。取样器相当于一个开关,如图 1-13 所示,每隔一段时间 $T$ 接通输入信号一次,接通时间是 $\tau$。取样器输出信号 $f_s(t)$ 只包含有开关接通时间内的输入信号 $f(t)$ 的一些小段,这些小段即为原输入信号的取样。

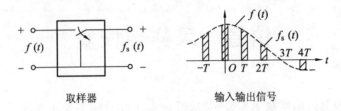

取样器　　　　　　　　　　　输入输出信号

**图 1-13　信号取样器及输入输出信号**

取样信号 $f_s(t)$ 可以看成是原信号 $f(t)$ 和一个开关函数 $s(t)$ 的乘积,即

$$f_s(t) = f(t)s(t) \tag{1-52}$$

取样的过程可以用一个相乘的数学模型来表示,该模型的数学表达式如式 (1-52) 所示,式中的开关函数 $s(t)$ 是一个周期性门函数序列,开关函数中每一矩形脉冲的幅度为 1,宽度为 $\tau$,所以它的面积为 $\tau$。当脉宽 $T$ 很小时,每一个矩形脉冲可以用一个位于脉冲中心线的冲激函数近似地表示,冲激函数的强度也是 $\tau$。当 $\tau$ 无限趋小时,矩形脉冲面积也随之无限趋小,开关函数变成一条条高度为 1 的位于原来脉冲中心线的直线,是理想情况下的开关函数。

### 2) 取样定理

根据对取样信号的频谱分析可知,取样信号的频谱 $F_\delta(j\omega)$ 是由一系列形状相同的组成部分排列构成的周期函数,其中每一个组成部分都可以用 $F(j\omega)$ 在频率轴上平移 $n\omega_s$ $(n=\cdots,-2,-1,0,1,2,\cdots)$ 得到,其与原信号频谱 $F(j\omega)$ 的形状相同,尺度不同;相邻两个组成部分的中心频率之间相隔一个取样频率 $\omega_s$。这就是取样信号的频谱特性,这一特性和取样信号在时域中表现为离散性的函数值的序列,合起来构成取样信号在时域和频域中的完整性质。

重建原来信号的必要条件是,取样信号频谱中两相邻的组成部分不能互相叠合,否则无法滤取出与原信号相同的频谱。要使周期化后相邻频谱不产生重叠,必须同时满足以下两个条件:

① 信号频谱 $F(j\omega)$ 的频带是有限的,或者在信号中不包含 $\omega > \omega_m$ 的频率分量。

② 取样频率至少为最高信号频率的两倍,即

$$\omega_s \geqslant 2\omega_m \tag{1-53}$$

上述第一个条件是针对原来信号提出的,第二个条件是针对取样过程提出的。

两倍信号所含的最高频率 $2f_m = \dfrac{\omega_m}{\pi}$ 是最小的取样频率,称之为奈奎斯特取样频率

或香农取样频率；其倒数 $\dfrac{1}{2f_m}$ 称为奈奎斯特取样间隔或称香农取样间隔。

综上所述，一个在频谱中不包含大于频率 $f_m$ 分量的有限频带的信号，由对该信号以不大于 $\dfrac{1}{2f_m}$ 的时间间隔进行取样的取样值唯一地确定，这就是均匀取样定理。当这样的取样信号通过其截止频率 $\omega_c$ 满足条件为 $\omega_m \leqslant \omega_c \leqslant \omega_s - \omega_m$ 的理想低通滤波器后，可以将原信号完全重建，这个定理称为香农取样定理。

在由取样信号重建原信号的条件中，有两点与实际情况存在距离：

① 需要用到一个理想低通滤波器，而理想的低通滤波器是不可能实现的。非理想低通滤波器的滤波特性在进入截止频率后不够陡直，滤波器输出端除了有所需信号的频谱分量外，还夹杂着取样信号频谱中相邻部分的一些频率分量。在这种情况下，重建的信号与原来的信号就有所差别。解决这个问题的办法是提高取样频率 $\omega_s$，或者使用阶数较高的滤波器，使滤波器的输出端只有所需要的信号频谱。

② 取样定理要求原信号的频带必须有限，而实际信号的频谱通常不会严格限定在某一频率之内，只是随着频率的增高，频谱幅度愈趋减小而已。这样的信号经过取样后，取样信号的频谱相邻组成部分间会有重叠之处，这种现象称为混叠。在取样信号频谱有混叠的情况下，利用低通滤波器就难以把所需信号无畸变地滤出。

但一般信号都占有有效的频带宽度，在某个范围以外的频率分量可以忽略不计，因此，只要取样频率足够大，频谱之间的间隔将增大，频谱之间的混叠就可以忽略不计。实际使用中，为减少混叠的影响，也常在取样前对信号进行低通滤波（即抗混叠滤波），以减小信号的有效频宽。

考虑到这两个因素，实际使用的取样频率都取信号带宽的 3～5 倍，这时可以减少取样后信号频谱上的混叠，同时也有利于低通滤波器的实现。

取样信号 $f_\delta(t)$ 是一个连续信号，在绝大部分时间上为零，只在某些均匀间隔的离散的时间点 $kT$ 上有非零的冲激脉冲，其冲激强度只与原信号 $f(t)$ 在该时间的取值 $f(kT)$ 有关，因此，取样信号 $f_\delta(t)$ 只取决于 $f(t)$ 在离散的时间点 $kT$ 上的取值。如果将信号在时间点 $kT$ 上的取值 $f(kT)$ 取出，就构成一个离散时间序列。反之，根据这个序列不难得到理想取样信号 $f_\delta(t)$，从而利用取样定理恢复出原来的信号 $f(t)$。

在实际应用中完成从连续信号到离散信号的转换，首先通过取样保持电路（SHC）提取出 $kT$ 时刻信号的值，并将这个值保持一定的时间，以便后面的电路有足够的时间对这个数值的大小进行测量，然后通过模/数转换器（ADC）对取样后的电平进行测量（量化）和编码，从而转变成离散的数字信号。

**2. 离散时间系统的模拟**

**1) 离散时间系统的描述**

离散时间系统的输入和输出信号都是离散时间函数,其工作情况不适合用连续时间系统的微分方程来描述,而必须用差分方程来描述。在差分方程中,自变量是离散的,方程的各项除了包含有这种离散变量的函数 $f(k)$ 外,还包括此函数增序或减序的函数 $f(k+1)$,$f(k-1)$ 等,差分方程表示了离散序列中相邻几个数据点之间所满足的数学关系。

**2) 离散时间系统的模拟**

因为差分方程与微分方程形式相似,所以对于离散时间系统,也可像模拟连续时间系统一样,用适当的运算单元连接起来加以模拟。

模拟离散时间系统的运算单元与模拟连续时间系统相比,除加法器和标量乘法器相同外,关键的单元是延时器。延时器是使时间向后移序的器件,其能将输入信号延迟一个时间间隔 $T$。若初始条件不为零,则在延时器的输出处可用一个加法器将初始条件引入。

延时器是一个具有记忆的系统,能将输入数据储存起来,在时间 $T$ 后于输出处释出。模拟离散时间系统所用的延时器,相当于模拟连续时间系统中所用的积分器。在实际系统中,延时器可以用电荷耦合器件(CCD)或数字寄存器实现。

序列 $f(k-1)$ 与序列 $f(k)$ 在数轴上向右移 1 个间隔,作为离散时间信号,前者较后者整体滞后时间 $T$。就某一指定的 $k$ 值,例如 $k_1$ 而言,$f(k_1-1)$ 是在序列中 $f(k_1)$ 左边相邻的那个数值,所以离散时间函数的函数值 $f(k-1)$ 是指比 $f(k)$ 早 $T$ 出现的函数值。

利用模拟的运算单元对离散时间系统加以模拟时,设描写系统的一阶差分方程为

$$y(k+1)+ay(k)=e(k) \tag{1-54}$$

可将式(1-54)转化为如式(1-55)所示。

$$y(k+1)=-ay(k)+e(k) \tag{1-55}$$

由式(1-55)可得相应的一阶离散时间系统的模拟框图,如图 1-14 所示。由图可见,一阶离散时间系统的模拟框图和一阶连续时间系统的模拟框图具有相同的结构,前者的延时器和后者的积分器相对应。若将图中的延时器换成积分器,则与该图相对应的方程就成了微分方程式 $y'(t)=-ay(t)+e(t)$。

对于一阶系统模拟的讨论,可以推广到 $n$ 阶系统。在描述实际的连续时间系统的微分方程中,激励函数导数的阶数 $m$ 通常小于响应函数导数的阶数 $n$,但 $m>n$ 的情况还是存在的。而在描写因果离散时间系统的差分方程中,激励函数的最

高序号不能大于响应函数的最高序号,即应有 $m \leqslant n$。

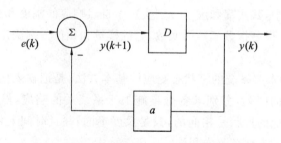

**图 1-14  一阶离散时间系统的模拟框图**

### 3. 离散与连续时间系统时域分析法的比较

离散时间系统的分析方法与连续时间系统的有很多相似之处,但也有一定的不同。分析这些相似和不同之处,对于深入掌握连续和离散时间系统的分析方法具有重要作用。

① 从描述系统的数学模型看,由于系统的组成及其所处理信号的性质不同,对连续时间系统和离散时间系统工作情况进行描述的数学手段也不同,前者用微分方程来描述,后者用差分方程来描述。

若系统是线性和时不变系统,则上述方程都是线性常系数的方程。线性常系数的微分方程和差分方程在形式上有某种对应的相似关系,而且在进行数值计算时,只要所取的时间间隔足够小,微分方程还可以近似看成差分方程。

② 系统分析的任务,通常是对于具有某种初始条件的系统,输入一个或若干个激励信号,要求取系统某些部分输出的响应信号。构成线性时不变系统分析方法的基础,一方面是线性系统的叠加性和齐次性(即均匀性),另一方面是时不变系统的输出波形仅取决于输入波形,而与施加输入的时间无关这一特性。

从时域分析法上看,两种系统的响应都是通过分别求仅由系统初始条件决定的零输入响应和仅由输入激励决定的零状态响应,然后进行叠加的方法进行的。

③ 求连续时间系统的零输入响应而解系统的齐次微分方程时,可以应用微分算子符号将微分方程写成代数方程的形式,将微分算子看成一个代数量而得到由算子构成的方程式,这就是该连续时间系统的特征方程,方程的每一个根对应系统的一项自然响应,零输入响应各项的系数由系统的初始条件确定。

与此相类似,为求离散时间系统的零输入响应而解系统的齐次差分方程时,可以应用移序算子符号将差分方程写成代数方程的形式。将移序算子看成一个代数量而得到由算子构成的方程式,这就是该离散时间系统的特征方程,方程的每一个根亦对应系统的一项自然响应,零输入响应各项的系数也由系统的初始条件确定。

但是两种系统的特征根的意义不尽相同。对于连续时间系统,特征根出现在指数函数的幂数中,其实部和虚部分别决定了自然响应的幅度和振荡频率;对于离散时间系统,特征根是指数函数的底数,它的模量和相位分别决定了自然响应的幅度和振荡频率。

④ 在时域中求解系统的零状态响应的基本方法,是把输入信号分解为按时间先后排列的分量的序列,分别求各分量施加于系统后的响应,然后将这些响应叠加。这些分量响应的形状是相同的,只是尺度不同,并且时间上依次错开,求系统零状态响应的这种方法就是卷积法。

对于连续时间系统,信号的分量是连续排列的冲激函数,零状态响应等于系统的单位冲激响应与输入激励的卷积积分。对于离散时间系统,信号的分量就是离散序列中的各离散量,零状态响应等于系统的单位函数响应与输入激励的卷积和。

⑤ 系统的稳定性和因果性是系统特性中两个非常重要的特性。一个稳定的系统在任何有界的信号激励下都应该能够得到有界的输出。在连续系统中,系统稳定的充要条件是其冲激响应绝对可积,而离散时间系统稳定的充要条件是其单位函数响应绝对可积。

系统的稳定性也可以通过系统函数的特征根在复平面上的位置进行判断,表示连续时间系统特征根的平面为 $S$ 平面,而表示离散时间系统特征根的复平面为 $Z$ 平面。对于连续时间系统而言,系统是否稳定取决于各特征根是否全部位于 $S$ 平面的左半面内;而对于离散时间系统而言,系统是否稳定取决于各特征根是否全部位于 $Z$ 平面中的单位圆内。

根据系统的冲激响应 $h(t)$ 或单位函数响应 $h(k)$ 也可以判断其因果性,如果当 $t$ 或 $k$ 小于零时,$h(t)$ 或 $h(k)$ 等于零,则系统满足因果性。在离散时间系统里,也可以简单地根据系统的差分方程判别系统因果性,如果差分方程中激励函数的最高序号不大于响应函数的最高序号,则系统满足因果性。而对于连续时间系统,很难直接根据其微分方程对系统的因果性进行判断。

⑥ 连续时间系统和离散时间系统的物理实现框图有很多相似之处,都用到加法器和标量乘法器;连续时间系统使用积分器,而离散时间系统使用延时器,这两者在系统框图中的位置也完全相同;同时,连续时间系统的框图中参数与系统微分方程系数的对应关系,与离散时间系统框图中参数与系统差分方程系数的对应关系完全一致。

由以上对于两种系统时域分析法的比较可以看出,分析所依据的基本原则都是一样的。处理的信号有连续和离散的差别,因而在应用的数学方法上亦有所不同,两者之间又具有很多对应相似之处。

# 单元七

【信号与系统实验教程】

# 傅里叶变换

在实际工程中,用计算机对信号进行处理时,由于数字电路和计算机只能实现离散时间系统处理离散的信号,不能处理连续的信号,因此必须将模拟信号转变成离散的序列,转换过程中必须保证信号中的信息不能损失。计算机能够给出的结果也是一个离散的序列,对系统分析所使用的数学工具也提出了一定的要求,必须找到适合计算机进行处理的数学工具。本单元介绍的离散傅里叶变换就是一种适合计算机处理的数学工具。需要知道的是,计算机能够处理和表示的离散序列的长度是有限的,其容量是有限的,无法处理无限长的序列,也无法给出无限长的结果。

离散傅里叶变换(Discrete Fourier Transform, DFT)是一种适合计算机处理的离散时间信号的频谱分析工具。它可以对有限长的时间序列进行频谱分析,分析结果也是一个有限长的离散序列。

离散傅里叶变换,特别是快速傅里叶变换(Fast Fourier Transform,FFT)——用来计算离散傅里叶变换的高效率算法,在实际应用中有很大的价值。对于一个有 $N$ 个点的序列,应用快速算法比直接用离散傅里叶变换进行计算时,速度要提高大约 $\dfrac{N}{\log_2 N}$ 倍。点数 $N$ 愈大,提高速度的倍数也愈大。

## 1. 离散傅里叶变换

实际工作中经常要对信号的频谱或系统频率特性进行分析。由于在傅里叶变换中给出的频谱都是连续函数 $F(j\omega)$,用计算机很难直接描述。

离散傅里叶变换是离散时间系列分析中的一个非常重要的工具,可以对离散的时间序列进行频谱分析计算,并且将结果表示为有限长的离散序列,为进行信号和系统实验的计算机分析提供了一个非常有力的工具。

### 1) 离散傅里叶变换

非周期的连续时间信号 $f(t)$ 的频谱是连续频率的非周期函数 $F(j\omega)$,如图

1-15(a)所示。如果对 $f(t)$ 进行理想取样,可得到取样信号 $f_s(t)$。

$$f_s(t) = f(t) \sum_{k=-\infty}^{+\infty} \delta(t-kT_s) = \sum_{k=-\infty}^{+\infty} f(kT)\delta(t-kT_s) \qquad (1\text{-}56)$$

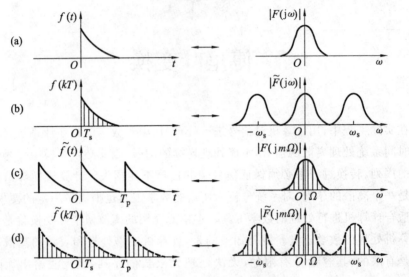

图 1-15 信号的时域和频域特性关系

则其频谱 $\widetilde{F}(j\omega)$ 将是 $F(j\omega)$ 按 $\omega_s = \dfrac{2\pi}{T_s}$ 取样得到的一个关于 $\omega$ 的周期性连续函数,如图 1-15(b)所示。

$$\widetilde{F}(j\omega) = \omega_s \sum_{k=-\infty}^{+\infty} F[j(\omega-k\omega_s)] \qquad (1\text{-}57)$$

根据傅里叶变换的对偶性,如果在频域中同样对频谱 $F(j\omega)$ 以 $\Omega$ 为间隔进行理想取样,可得到取样频谱为

$$F_s(\omega) = \sum_{m=-\infty}^{+\infty} F(jm\Omega)\delta(\omega-m\Omega) \qquad (1\text{-}58)$$

则其反变换 $\widetilde{f}(t)$ 一定是原信号 $f(t)$ 以 $T = \dfrac{2\pi}{\Omega}$ 周期化延拓的结果,如图 1-15(c)所示。

$$\widetilde{f}(t) = T \sum_{m=-\infty}^{+\infty} f(t-mT) \qquad (1\text{-}59)$$

如果对 $f(t)$ 和 $F(j\omega)$ 同时进行理想取样,则将导致时域和频域中的函数同时出现周期化。这时,无论是在频域还是在时域中,函数都是一个周期化的离散冲激序列,如图 1-15(d)所示,这样可以在时域和频域上同时实现离散化。周期化后的

时域信号和频域信号在一个周期内具有相同的脉冲数。

如果选择合适的取样频率,使周期化后的频域信号各个周期的频谱分量之间不产生混叠现象,那么就有可能通过信号的离散取样值 $f(kT_s)$ 不失真地恢复出原始的连续信号 $f(t)$。同样,如果能够选择合适的频域取样频率,使周期化后的时域信号各个分量之间不产生混叠现象,那么就可以通过信号频谱的离散点 $F(m\Omega)$ 上的取值不失真地恢复出原始的连续频谱 $F(j\omega)$。也就是说,信号频谱上离散点的取值包含了信号频谱的所有信息。

因此,如果要使周期化后的时域信号不产生混叠,必须同时满足下面两个条件:① 信号 $f(t)$ 必须是一个有限长的信号,即信号只在一个有限的区间内为非零值;② $f(t)$ 的重复周期满足 $T > T_1$,或者频域的取样间隔满足 $\Omega < \dfrac{2\pi}{T_1}$。

离散傅里叶变换的定义如式(1-60)所示。

$$F(m) = \mathrm{DFT}\{f(k)\} = \sum_{k=0}^{N-1} f(k)\mathrm{e}^{-\mathrm{j}\frac{2\pi}{N}mk} \qquad (1\text{-}60)$$

式中,$f(k)$ 为原来的有限区间信号 $f(t)$ 按照取样率 $\omega$ 提取出的离散时间数;$F(m)$ 为该数列的离散傅里叶变换,反映了信号取样后的频谱 $\widetilde{F}(j\omega)$ 在以 $\Omega$ 为间隔的离散的频率点上的频谱取值。如果信号的频谱在周期化后不产生混叠,则 $\widetilde{F}(j\omega)$ 与 $F(j\omega)$ 在区间 $\left(-\dfrac{\omega_s}{2}, +\dfrac{\omega_s}{2}\right)$ 内的取值相差一个固定的参数 $T_s$,这时 $T_s F(m)$ 在这个区间内的值同时也是原信号的频谱 $F(j\omega)$ 按照 $\Omega$ 间隔的离散频率点上的频谱的取值,反映了原信号频谱的形状。由式(1-60)可知,可以用一个离散的序列描述信号的频谱,$F(m)$ 是一个变量为 $m$、周期为 $N$ 的序列。

在进行离散傅里叶变换时,如果只计算 $F(m)$ 从 0 到 $N-1$ 共 $N$ 个点上的值,可得到一个以有限长的序列表示信号频谱的方法。若定义复数 $W_N = \mathrm{e}^{-\mathrm{j}\frac{2\pi}{N}}$,则离散傅里叶变换的完整定义如式(1-61)所示。

$$F(m) = \mathrm{DFT}\{f(k)\} = \sum_{k=0}^{N-1} f(k)W_N^{mk} \quad (m = 0, 1, \cdots, N-1) \qquad (1\text{-}61)$$

由此可见,用 DFT 描述原来连续信号的频谱应满足以下两个条件:① 信号在频域上必须是有限的,其全部非零的频率分量必须集中分布在一个有限的频段内,这样才能确定使信号频谱周期化后相邻周期的频谱之间不产生混叠的时域取样频率;② 信号在时域上也必须是有限的,这样才有可能找到使信号在时域上周期化后相邻周期信号之间不会产生混叠的频域取样间隔。

根据离散傅里叶变换,可以得到离散傅里叶反变换的计算公式如式(1-62)所示。

$$f(k) = \mathrm{IDFT}\{F(m)\} = \frac{1}{N}\sum_{m=0}^{N-1} F(m) W_N^{-mk} \quad (k=0,1,\cdots,N-1) \qquad (1\text{-}62)$$

离散傅里叶变换可以借助矩阵表示为更为简洁的形式,式(1-61)离散傅里叶变换和式(1-62)离散傅里叶反变换的矩阵形式分别如式(1-63)和式(1-64)所示。

$$\boldsymbol{F} = \boldsymbol{W}_N \boldsymbol{f} \qquad (1\text{-}63)$$

$$\boldsymbol{f} = \boldsymbol{W}_N^{-1}\,\boldsymbol{F} = \frac{1}{N}\boldsymbol{W}_N^{*}\,\boldsymbol{F} \qquad (1\text{-}64)$$

式中,$\boldsymbol{f}$ 为由 $f(0), f(1), \cdots, f(N-1)$ 构成的矩阵;$\boldsymbol{F}$ 为由 $F(0), F(1), \cdots, F(N-1)$ 构成的矩阵;$\boldsymbol{W}_N$ 是一个 $N$ 维方阵,其第 $i$ 行第 $j$ 列上的元素值为 $W_N^{(i-1)(j-1)}$。

**2) 离散傅里叶变换的性质**

离散傅里叶变换的基本性质在 DFT 的计算、离散系统分析及信号处理中具有重要的价值。

(1) 线性性质

离散傅里叶变换是一种线性变换,满足齐次性和叠加性,其线性特性可用式(1-65)表示。

$$\mathrm{DFT}\{a_1 f_1(k) + a_2 f_2(k)\} = a_1 \cdot \mathrm{DFT}\{f_1(k)\} + a_2 \cdot \mathrm{DFT}\{f_2(k)\} \quad (1\text{-}65)$$

(2) 循环移位特性

离散傅里叶变换的移位特性与信号的循环移位有关,如果原信号 $f(k)$ 的 DFT 为 $F(m)$,则循环移位后信号的 DFT 的第 $m$ 个频率分量增加了相位移 $W_N^{mn}$,如式(1-66)所示。

$$\mathrm{DFT}\{[(k-n)_N] G_N(k)\} = W_N^{mn}\,FT(m) \qquad (1\text{-}66)$$

(3) 频移特性

如果原信号 $f(k)$ 的 DFT 为 $F(m)$,则 DFT 的频移特性为:原信号与复指数序列 $W_N^{-kn}$ 相乘,相应的 DFT 向右移位 $k$,如式(1-67)所示。

$$\mathrm{DFT}\{f[k] W_N^{-kn}\} = FT[(m-n)_N] G_N(m) \qquad (1\text{-}67)$$

(4) 时域循环卷积特性

离散傅里叶变换的时域循环卷积特性表明,时域中的卷积运算对应于频域中的乘积运算,即

$$\mathrm{DFT}\{f_1(k) * f_2(k)\} = \mathrm{DFT}\{f_1(k)\} \cdot \mathrm{DFT}\{f_2(k)\} \qquad (1\text{-}68)$$

(5) 频域循环卷积特性

离散傅里叶变换的频域循环卷积特性表明,时域中的乘积运算对应于频域中的卷积运算,即

$$\mathrm{DFT}\{f_1(k) \cdot f_2(k)\} = \frac{1}{N}\mathrm{DFT}\{f_1(k)\} * \mathrm{DFT}\{f_2(k)\} \qquad (1\text{-}69)$$

(6) 奇偶虚实性

通过对 DFT 的研究可以得知:实信号的 DFT 的实部为 $m$ 的偶函数,虚部为 $m$ 的奇函数;实偶信号的 DFT 为 $m$ 的实偶函数;实奇信号的 DFT 为 $m$ 的虚奇函数;虚信号的 DFT 的实部为 $m$ 的奇函数,虚部为 $m$ 的偶函数;虚偶信号的 DFT 为 $m$ 的虚偶函数;虚奇信号的 DFT 为 $m$ 的实奇函数。

(7) 对偶性

如果时间序列 $f(k)$ 的 DFT 为 $F(m)$,则时间序列 $F(k)$ 的 DFT 为循环反褶后的序列 $F(m)$ 的 $N$ 倍,即

$$\text{DFT}\{F(k)\} = N \cdot f[(-m)_N]G_N(m) \tag{1-70}$$

(8) 离散傅里叶变换中的帕塞瓦尔定理

如果信号 $f(k)$ 的 DFT 为 $F(m)$,则

$$\sum_{k=0}^{N-1} |f(k)|^2 = \frac{1}{N}\sum_{m=0}^{N-1} |F(m)|^2 \tag{1-71}$$

**2. 快速傅里叶变换**

快速傅里叶变换(FFT)并不是一种新的变换,而是 DFT 的一种快速算法。从式(1-61)可以看出,DFT 计算的计算量较大,包含了很多冗余成分,将这些冗余部分去除可以减少计算量,提高计算速度。FFT 就是一种去除 DFT 计算中冗余成分的高速算法,主要包括基二时间抽取 FFT 算法和基二频率抽取 FFT 算法。

**1) 基二时间抽取 FFT 算法(库利-图基算法)**

在基二时间抽取 FFT 算法中,假设 $N$ 是一个偶数,可以将序列 $f(k)$ 分为两个序列:一个只含有原序列中偶数位置的数,$f_e(k) = f(2k)$;而另一个只含有原序列中奇数位置上的数,$f_o(k) = f(2k+1)$,两个信号的长度都是 $N/2$,则 DFT 公式可以表示为

$$F(m) = \sum_{k=0}^{\frac{N}{2}-1}\left[f_e(k)W_{\frac{N}{2}}^{mk}\right] + W_N^m\sum_{k=0}^{\frac{N}{2}-1}\left[f_o(k)W_{\frac{N}{2}}^{mk}\right] \tag{1-72}$$

当 $m < N/2$ 时,式(1-72)即为长度为 $N/2$ 的信号 $f_e(k)$ 和 $f_o(k)$ 的 DFT,即

$$F(m) = F_e(m) + W_N^m F_o(m) \quad (m=0,1,\cdots,\frac{N}{2}-1) \tag{1-73}$$

当 $m \geqslant N/2$ 时,式(1-72)可化为

$$F\left(m+\frac{N}{2}\right) = F_e(m) - W_N^m F_o(m) \quad (m=0,1,\cdots,\frac{N}{2}-1) \tag{1-74}$$

可见,根据长度为 $N/2$ 的信号 $f_e(k)$ 和 $f_o(k)$ 的 DFT,即可计算出长度为 $N$ 的信号 $f(k)$ 的 DFT,这样大大减少了计算量。由于这种算法将信号按时间顺序间隔

提取,拆解成两个序列,故称为基二时间提取算法。

### 2) 基二频率抽取 FFT 算法(桑德-图基算法)

基二频率抽取 FFT 算法不是将序列按奇偶两个部分拆分,而是按序列的原来顺序直接将数列对半分开。

$$F(m) = \sum_{k=0}^{N-1} f(k)W_N^{mk} = \sum_{k=0}^{\frac{N}{2}-1} f(k)W_N^{mk} + \sum_{k=0}^{\frac{N}{2}-1} f\left(k+\frac{N}{2}\right)W_N^{m\left(k+\frac{N}{2}\right)} \quad (1\text{-}75)$$

若设 $f_a(k) = f(k)$,$f_b(k) = f\left(k+\dfrac{N}{2}\right)$,其中 $k = 0, 1, 2, \cdots, N/2$,则式(1-75)可表示为

$$F(m) = \sum_{k=0}^{\frac{N}{2}-1} f_a(k)W_N^{mk} + W_N^{\frac{N}{2} \cdot m} \sum_{k=0}^{\frac{N}{2}-1} f_b(k)W_N^{mk} \quad (1\text{-}76)$$

当 $m$ 为偶数,即 $m = 2r$ 时,式(1-76)可表示为如式(1-77)所示,此时频谱即为长度为 $N/2$ 点的序列 $f_a(k) + f_b(k)$ 的 $\dfrac{N}{2}$ 点 DFT。

$$F(2r) = DFT\{f_a(k) + f_b(k)\} \quad (1\text{-}77)$$

当 $m$ 为奇数,即 $m = 2r+1$ 时,式(1-76)可表示为如式(1-78)所示,此时频谱即为长度为 $N/2$ 点的序列 $[f_a(k) - f_b(k)]W_N^k$ 的 $\dfrac{N}{2}$ 点 DFT。

$$F(2r+1) = DFT\{[f_a(k) - f_b(k)]W_N^k\} \quad (1\text{-}78)$$

可见,根据长度为 $N/2$ 的信号 $f_a(k)$ 和 $f_b(k)$ 的 DFT,即可计算出长度为 $N$ 的信号 $f(k)$ 的 DFT,同样大大减少了计算量。由于这种算法将频谱按奇偶分为两个部分计算,故称为基二频率取样算法。

### 3. DFT 和 FFT 的应用

DFT 和 FFT 在实际工程中具有很大的应用价值,借助于计算机强大的数据处理能力,为实时数据处理创造了条件。

#### 1) 信号的频谱分析

DFT 最直接的用途就是进行频谱分析,可以用 DFT 求出有限长连续信号、有限长序列、周期性信号的频谱。

如果原来的信号不是时域有限的信号,就必须选取包含绝大部分信号能量的时间区间,将信号截断,近似等效成一个有限时间信号后再进行分析。由此将产生截断误差,必须根据实际需要和数据处理能力的大小尽可能地扩大时间区间,尽量减少截断对信号频谱产生的影响。如果原来的信号不是频域有限的信号能量,则必须选取合适的信号等效带宽,保证通带内包含绝大部分信号,将信号近似等效成一个有限频

带信号后再进行分析。等效带宽必须合理选取,保证频谱分析能够达到预定的精度。

在用 DFT 进行连续信号的频谱分析时,首先要确定取样频率 $\omega_s$ 和 DFT 点数。取样频率 $\omega_s$ 的选择依据是信号的频带。如果信号本身是一个带限信号,根据奈奎斯特取样定理,取样频率只要大于信号最高频率分量的两倍以上即可。但对于一个时间有限信号,其非零频谱分量一直可以延续到频率无穷远处,无法按奈奎斯特取样定理确定取样频率。这时,只能根据信号频谱的收敛性,选择足够大的取样频率,尽可能减少信号频谱混叠对频谱分析带来的误差,保证频谱分析的精度。

**2) 快速卷积计算**

在求解离散时间系统的响应时,常常要进行卷积和计算。利用 DFT 的卷积特性,可以将卷积通过 DFT 完成。利用 FFT 可以加快卷积的计算速度。但利用 DFT 的卷积特性,只能完成循环卷积计算,而在实际工作中常常要进行线性卷积计算。如果对两个长度分别为 $N_1$ 和 $N_2$ 的序列做 $N \geqslant N_1 + N_2 - 1$ 点的循环卷积,其结果与线性卷积一样。为了使用 FFT 算法,一般取 $N$ 等于 2 的幂次。具体的计算过程如下:

① 确定 $N$ 等于满足 $N \geqslant N_1 + N_2 - 1$ 条件的最小的 2 的幂次。

② 分别将两个输入序列 $f_1(k)$ 和 $f_2(k)$ 用 0 补齐到 $N$ 点。

③ 对两个序列分别求 $N$ 点的 FFT,得到 $F_1(m)$ 和 $F_2(m)$,并且将结果相乘。

④ 通过计算 $\mathrm{IDFT}\{F_1(m)F_2(m)\}$,求出线性卷积的结果。

**3) 快速相关计算**

相关运算是信号处理中经常会遇到的一种计算,在雷达、声呐和地震波分析等信号处理中的应用尤其广泛。

在连续时间系统中信号 $f_1(t)$ 与 $f_2(t)$ 的相关运算的定义为

$$f(t) = \int_{-\infty}^{+\infty} f_1(\tau) f_2(\tau + t) \mathrm{d}\tau \tag{1-79}$$

在离散时间系统中信号 $f_1(k)$ 与 $f_2(k)$ 的相关运算的定义为

$$f(k) = \sum_{n=-\infty}^{+\infty} f_1(n) f_2(n + k) \tag{1-80}$$

同样有线性相关和循环相关两种算法。式(1-77)表示的相关称为线性相关,而循环相关的定义为

$$f(k) = \sum_{n=-\infty}^{+\infty} f_1(n)\{f_2[(n+k)_N]G_N(n)\} \tag{1-81}$$

同样可以利用 FFT 快速算法来计算序列的循环相关运算和线性相关运算,利用 FFT 可以加快信号处理的速度,减少计算量,对实时数字信号处理帮助很大。

45

# 单元八

# 数字滤波器

连续时间系统或离散时间系统在实际应用中通常需要对输入信号进行传输和处理，抑制或滤除输入信号中的干扰成分，修正输入信号中各个频率分量的大小和相位，输出有用信号。

滤波器的主要作用就是让有用的信号通过，滤除无用的信号或干扰信号。处理连续时间信号即模拟信号的滤波器称为模拟滤波器，处理离散时间信号的离散时间系统被称为离散滤波器。用数字电路、计算机等数字技术实现的离散滤波器称为数字滤波器。

模拟滤波器通常由电阻、电容、电感及运算放大器等模拟元器件构成，精度不高，参数值存在一定的离散性，不能十分精确地实现设计指标；模拟滤波器中电阻、电容等器件的参数容易受外界因素的影响而变化，系统参数的稳定性不易得到保证；模拟滤波器一旦确定，其参数就无法变化。

数字滤波器则可以由数字乘法器、数字加法器、数字延时器等数字元器件组成，也可以通过软件在计算机系统中实现。数字滤波器比模拟滤波器具有更多的优点，可以得到很高的精度，达到模拟滤波器难以达到的指标；数字滤波器的性能不易受温度、湿度等外界环境因素的影响，各项性能的稳定性很高，数字滤波器中的单元不易受外界干扰，其参数值也不会随外界环境变化；数字系统的灵活性强，其结构、系数等可以根据需要随时变化。例如，用高速信号处理芯片实现的滤波器，只要更改软件中的参数，就可以调整系统的性能；通过可编程器件实现的数字滤波器，只要更改可编程器件的参数就可以改变滤波器的性能。

数字滤波器也存在不足之处，其处理速度通常没有模拟滤波器高，输入数字信号总会存在一定的量化误差，在干扰信号较大时很难保证输入端有用信号分量的精度等。因此，数字滤波器并不能完全替代模拟滤波器，但数字滤波器的优势越来越明显，其应用范围越来越广泛，越来越多的信号处理都通过数字滤波器来实现。

## 1. 模拟信号的数字化处理系统

实际工程应用中所处理的信号通常都是连续信号，系统的输出也要求是连续信号。若采用数字滤波器进行信号处理,则必须对信号进行适当的预处理和后处理。

用数字信号处理技术处理模拟信号时,数字滤波器的系统框图如图 1-16 所示。

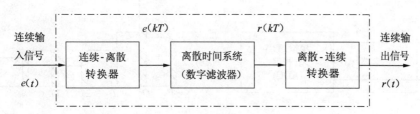

图 1-16　数字滤波器的系统框图

系统包括 3 个组成部分,即连续-离散转换器、离散时间系统和离散-连续转换器。通过连续-离散转换器,按照取样率 $\omega$ 对输入信号进行取样,将连续时间信号转换为离散时间系统可以处理的离散的时间信号;通过离散时间系统(数字滤波器),对离散时间信号进行处理,得到离散的输出信号序列;通过离散-连续转换器,将输出序列转换为系统需要的连续时间输出信号。整个系统可以完全等效于一个真正的连续时间系统。

连续-离散信号转换系统由乘法器和冲激序列-离散信号转换器两部分组成。输入的连续信号通过乘法器与单位冲激序列相乘,进行冲激取样;通过冲激序列-离散信号转换器将取样所得的冲激序列中各个冲激的强度取出,构成离散的时间序列。

离散-连续信号转换系统由冲激序列发生器和低通滤波器两部分组成,冲激序列发生器根据数字滤波器产生的离散时间序列中各个离散点数值大小,在各个取样时刻 $kT(T=\dfrac{2\pi}{\omega_s})$ 形成冲激脉冲,构成脉冲序列。通过带宽为 $\dfrac{\omega_s}{2}$、增益为 $T$ 的低通滤波器,恢复连续的输出信号。

但在实际应用中无法产生幅度为无穷大、宽度为无穷小的理想冲激信号,同时,离散时间系统是由数字电路和计算机实现的,如果用数字滤波器对数据进行处理,必须将输入的离散时间序列中的数据表示为计算机能够识别的数字信号。

在实际工作中完成从连续信号到离散数字信号转换的连续-离散信号转换电路系统框图如图 1-17(a)所示。

系统包括两个组成部分,即取样保持电路(SHC)和模拟/数字转换器(ADC)。信号通过取样保持电路进行取样,其输出信号如图 1-17(b)所示,在阴影部分标注的时间段,电路中的开关闭合,取样保持电路的输出等于输入;在阴影部分时间结

47

束的 $kT$ 时刻,电路中的开关打开,取样保持电路的输出(即电容上的电压)保持不变,直到下一次开关闭合为止。在保持时间内,模拟/数字转换器对信号大小进行测量,将模拟信号转换为数字信号,以便处理。

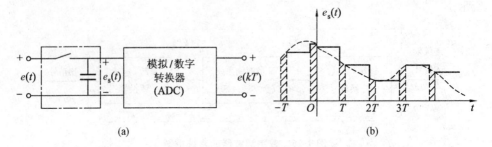

图 1-17 连续-离散信号转换示意图

模/数转换电路对信号的转换是需要经过一定的时间的,取样保持电路的保持功能是保证在信号转换的过程中,输入信号稳定在一个固定的电平上,确保转换的精度。

实际的离散-连续信号转换系统,通过数字/模拟转换器(DAC)将在各个取样时刻 $kT$ 取样的数字信号还原为模拟信号;再通过脉冲产生电路产生一个脉冲序列,脉冲幅度的大小由 DAC 的输出决定;最后将所产生的脉冲序列通过一个低通滤波器,即可将离散时间序列还原为连续的取样信号。

由于理想冲激信号在工程上无法实现,因此,通常用方波或其他脉冲信号代替。工程上常通过使 DAC 输入端的数值量在取样间隔内保持不变,使得 DAC 输出值在这段时间内保持恒定,从而形成一个宽度为 $T$ 的矩形脉冲信号。为了尽量减小输出信号波形产生的失真,要求矩形脉冲信号在信号的有效频带内的幅频特性应尽可能平坦,可以通过减小矩形脉冲信号宽度的方法得到。

## 2. 数字滤波器的分类

处理离散时间信号的数字滤波器可以用差分方程描述,也可以用传输函数 $H(z)$ 描述,分别如式(1-82)和式(1-83)所示。

$$r(k+N)+\sum_{n=0}^{N-1}a_nr(k+n)=\sum_{m=0}^{M}b_me(k+m) \tag{1-82}$$

$$H(z)=\frac{\sum_{m=0}^{M}b_mz^m}{z^N+\sum_{n=0}^{N-1}a_nz^n} \tag{1-83}$$

数字信号处理系统中的数字滤波器通常有数字电路硬件和软件编程两种实现方法。用数字电路硬件实现时,所有构成离散时间系统的基本单元都有相应的实现电路;用计算机或通用信号处理芯片通过软件编程的方法实现比较容易,可以达到很高的计算精度,而且系统的构造灵活,参数更改方便。两种实现方法各有利弊,在实际使用中,必须根据实际信号处理的要求选择合适的实现方法。

数字滤波器的分类方法有两种,一种是根据数字滤波器的单位函数响应的特点进行分类,另一种是根据数字滤波器的结构特点进行分类。

按系统的单位函数响应特点,可将数字滤波器分为有限冲激响应滤波器和无限冲激响应滤波器两类。有限冲激响应(FIR)滤波器是指离散系统的单位函数响应 $h(k)$ 是一个有限长的时间序列,即系统的单位函数响应只在给定的时间区间 $[0,N]$ 内有非零值。无限冲激响应滤波器(IIR)是指离散系统的单位函数响应 $h(k)$ 是一个无限长的时间序列。

按数字滤波器结构特点,可将数字滤波器分为滑动平均滤波器、自回归滤波器和自回归滑动平均滤波器 3 类。滑动平均(MA)滤波器的特点是式(1-82)或式(1-83)中所有的 $a_n$ 都等于零,这种滤波器的结构与 FIR 滤波器相同,它的单位函数响应是一个有限长序列。自回归(AR)滤波器的特点是式(1-82)或式(1-83)的系数 $b_m$ 中除了 $b_N$ 以外,其他都等于零。自回归滑动平均(ARMA)滤波器同时具有自回归(AR)部分和滑动平均(MA)部分,这种数字滤波器的结构就是一般的数字滤波器结构。

各种类型的滤波器具有不同的特点。FIR 滤波器除了在 $Z$ 平面的原点以外,没有其他极点,系统一定满足稳定性条件。FIR 滤波器可以设计成线性相位特性系统,容易满足信号的不失真传输条件。IIR 滤波器可以在较小的阶数下得到很好的频率截止特性,在构成相似特性的滤波系统时,系统的复杂性低于 FIR 滤波器。

### 3. IIR 滤波器设计

数字滤波器设计所要完成的主要任务,是构造一个数字系统,找到相对应离散时间系统的传输方程 $H(z)$,将连续时间系统转换为相应的离散时间系统。

通常用数字滤波器构成的如图 1-16 所示的处理连续信号的系统,其频率特性不可能与原来的设计目标完全一致。滤波器设计的要求,就是要尽可能地构造一个与目标系统幅频特性、相频特性等特性相近的系统。对于同一个设计目标,用不同的近似设计方法设计出的结果可能不一样。

IIR 滤波器的设计方法很多,包括冲激响应不变变换法、阶跃响应不变变换法、双线性变换法、频率响应优化算法等。

#### 1) 冲激响应不变变换法

冲激响应不变变换法,就是要求系统的冲激响应不变。具体地说,就是要求数

49

字滤波器的单位函数响应是待实现的模拟系统的冲激响应的取样值。假设待实现的模拟系统的单位冲激响应为 $h_a(t)$，则要实现的数字滤波器的单位函数响应应该为 $h(k)=h_a(kT)$，其中 $T$ 是取样时间间隔。

根据连续信号的拉普拉斯变换与对该信号取样得到的序列的 Z 变换之间的关系，可以得到的 $h_a(t)$ 的拉普拉斯变换 $H_a(s)$ 与数字滤波器的单位函数响应 $h(n)$ 的 Z 变换 $H(z)$ 之间的关系，当传输函数 $H_a(s)$ 是一个有理真分式，特征根都是单根时，可以得到

$$H(z) = \sum_{i=1}^{N} \frac{A_i z}{z - e^{\lambda_i T}} \tag{1-84}$$

式中，$A_i$ 为各部分分式系数；$\lambda_i$ 为传递函数的特征根。

通过式(1-84)即可完成 IIR 滤波器的设计。

设计中应该注意，信号取样时导致的频率响应周期化会造成频谱的混叠，其后果是造成系统在有限的频带内的频率特性产生一定程度的失真。取样间隔 $T$ 越大，混叠将越严重，频率响应的失真也就越大，而且这种混叠对系统高频端特性的影响要大于对低频端特性的影响。根据取样定理，只要系统的取样频率大于连续系统中最大非零幅频特性点所对应的频率的两倍以上，就不会发生频谱混叠现象。但大多数系统的传输函数都具有收敛性，当频率大到一定程度时，幅频特性近似等于零。所以，当取样频率达到一定大小时，频谱的混叠对频率特性的影响可以忽略。

系统设计中必须考虑的另一个重要的问题就是系统的稳定性。用冲激响应不变变换法设计出的离散时间系统的极点都是由原系统的极点带来的。如果原来的连续时间系统是稳定系统，其所有的极点(或特征根)$\lambda_i$ 的实部都小于零，则对应的离散时间系统的极点 $e^{\lambda_i T}$ 就一定处于 Z 平面的单位圆内，离散时间系统一定是稳定的。

系统设计中还要注意频率响应中幅度的相对大小问题。

在实际高通滤波器、低通滤波器、带通滤波器等通带型滤波器设计中，一般情况下在设计任务中不可能直接给出原型滤波器的传输函数 $H_a(s)$，而是给出目标系统必须满足的截止频率、过渡带宽度等参数，在设计数字滤波器前必须根据这些要求找到合适的模拟滤波器原型，然后转换成数字滤波器。模拟滤波器设计原型中的低通滤波器中的巴特沃思滤波器又称最平坦型滤波器，是实际应用中常用的一种滤波器。除此以外，模拟滤波器中还有很多低通滤波器原型可以供设计数字滤波器时使用，例如切比雪夫滤波器、贝赛尔滤波器等。

滤波器不变变换设计法不适于实现高通滤波器的设计，可以用双线形变换法进行设计。与冲激响应不变变换法相似的，还有一种阶跃响应不变变换法，它要求

设计出的离散时间系统的阶跃响应不变,这种方法的设计过程与冲激响应不变变换法类似。

### 2) 双线性变换法

双线性变换法的基本思路是将连续系统微分方程通过数值积分来近似,导出与微分方程相近的差分方程,从而完成离散系统设计。双线性变换法可以克服冲激响应不变变换法中的频率混叠问题。

对于一阶连续时间系统,其微分方程为

$$r'_a(t) + a_0 r_a(t) = b_0 e_a(t)$$

其传输函数为

$$H_a(s) = \frac{b_0}{s + a_0} \tag{1-85}$$

经过分析计算,可以得到与 $H_a(s)$ 对应的数字滤波器的传输函数如式(1-86)所示。

$$H(z) = \frac{b_0}{\dfrac{2}{T} \dfrac{z-1}{z+1} + a_0} \tag{1-86}$$

通过映射关系 $s = \dfrac{2}{T} \dfrac{z-1}{z+1}$,可以直接由连续时间系统的传输函数 $H(s)$ 推导出离散时间系统的传输函数,这种映射关系在高阶系统中同样存在,这样设计滤波器的方法即为双线性变换法。如果原来连续时间系统 $H_a(s)$ 是一个稳定系统,则 $H(z)$ 的所有极点一定处于 $Z$ 平面上的单位圆内,离散时间系统一定也是稳定的。

### 4. FIR 滤波器设计

线性系统的相位不失真是系统能够不失真地传输信号的必要条件之一,其要求系统的相频特性是一个过原点的直线,满足该条件的滤波器是线性相位滤波器,在工程中有很大的使用价值。

FIR 滤波器很容易满足线性相位特性,如果 FIR 滤波器的单位函数响应的长度为 $N$,只要滤波器单位函数的响应波形关于 $\dfrac{N-1}{2}$ 偶对称,即满足式(1-87),则该滤波器一定满足线性相位条件。

$$h(k) = h(N-1-k) \tag{1-87}$$

如果滤波器单位函数的响应波形关于 $\dfrac{N-1}{2}$ 奇对称,即满足式(1-88),则该 FIR 滤波器的相位特性也是直线,但不经过原点,也可将其纳入线性相位 FIR 滤波器。

51

$$h(k) = -h(N-1-k) \qquad (1-88)$$

FIR 滤波器的设计方法有多种,主要包括窗函数法和频率取样法。这两种方法都是依据目标系统的频率特性 $H(\mathrm{e}^{\mathrm{j}\omega T})$ 进行设计的,其设计方法简单,可以完成低通、带通、带阻等的数字滤波器的设计,构造满足线性相位条件的 FIR 滤波器,具有很高的实用价值。

**1) 窗函数法**

在设计滤波器时通常给定目标系统的频率特性 $H_\mathrm{a}(\mathrm{j}\omega)$,相应的数字滤波器的频率响应 $H(\mathrm{e}^{\mathrm{j}\omega T})$ 在区间 $-\dfrac{\omega_\mathrm{s}}{2} < \omega < \dfrac{\omega_\mathrm{s}}{2}$ 内也符合该特性,据此可以通过傅里叶反变换直接计算系统的单位函数响应 $h(k)$ 并构造数字滤波器,但通常不会刚好得到一个有限长的序列,从而无法得到 FIR 滤波器。

窗函数法的基本思路,就是找出一个频率特性为 $H_\mathrm{d}(\mathrm{e}^{\mathrm{j}\omega T})$,与 $H(\mathrm{e}^{\mathrm{j}\omega T})$ 尽可能接近的 FIR 滤波器。

$H(\mathrm{e}^{\mathrm{j}\omega T})$ 可以看成是由目标系统的单位函数响应 $h(k)$ 求得的,如式(1-89)所示。

$$H(\mathrm{e}^{\mathrm{j}\omega T}) = \sum_{k=0}^{+\infty} h(k)\mathrm{e}^{-\mathrm{j}\omega k T} \qquad (1-89)$$

若用长度为 $N$、单位函数响应为 $h_\mathrm{d}(k)$ 的 FIR 滤波器实现这个系统,其频率特性也可以用其有限长的单位函数响应计算出,如式(1-90)所示。

$$H_\mathrm{d}(\mathrm{e}^{\mathrm{j}\omega T}) = \sum_{k=0}^{N-1} h_\mathrm{d}(k)\mathrm{e}^{-\mathrm{j}\omega k T} \qquad (1-90)$$

由式(1-90)替代式(1-89)所产生的方均误差如式(1-91)所示。

$$\overline{\varepsilon^2} = \frac{1}{2\pi} \int_{-\frac{\omega_\mathrm{s}}{2}}^{+\frac{\omega_\mathrm{s}}{2}} \mid H_\mathrm{d}(\mathrm{e}^{\mathrm{j}\omega T}) - H(\mathrm{e}^{\mathrm{j}\omega T}) \mid^2 \mathrm{d}\omega \qquad (1-91)$$

窗函数法的设计目标,就是找到合适的有限长序列 $h_\mathrm{d}(k)$($k = 0, 1, 2, \cdots, N-1$),使得式(1-91)所示的方均误差最小。将式(1-89)和式(1-90)代入式(1-91)中,经过整理可以得到方均误差如式(1-92)所示。

$$\overline{\varepsilon^2} = \sum_{n=0}^{N-1} [h_\mathrm{d}(n) - h(n)]^2 + \sum_{n=N}^{+\infty} h(n)^2 \qquad (1-92)$$

由式(1-92)可知,当等号右边第一项为 0 或 $h_\mathrm{d}(k) = h(k)$ 时,方均误差达到最小。此时 FIR 滤波器的单位函数响应刚好是原目标系统的单位函数响应在 $0 \sim (N-1)$ 部分的值,如同通过一个长度为 $N$ 的窗口截取了目标系统的单位函数响应的一部分,也可认为是原来无限长的单位函数响应与式(1-93)所示的有限长序列相乘的结果,如式(1-94)所示。式(1-93)中的 $R_N(k)$ 称为矩形窗函数,这样的方法称为窗函数法。

$$R_N(k) = \begin{cases} 1, & (0 \leqslant k < N) \\ 0, & (k \geqslant N) \end{cases} \tag{1-93}$$

$$h_d(k) = h(k)R_N(k) \tag{1-94}$$

窗函数除了矩形窗外,还包括三角窗(又称巴特利特窗)、汉宁窗(又称升余弦窗)、汉明窗(又称改进升余弦窗)、布莱克曼窗等,这些窗函数的共同特点是时域波形没有矩形窗那样的突变,频谱起伏比矩形窗小,系统幅频特性的起伏比矩形窗小很多。矩形窗、三角窗和汉明窗实现的滤波器的幅频特性曲线比较如图1-18所示。

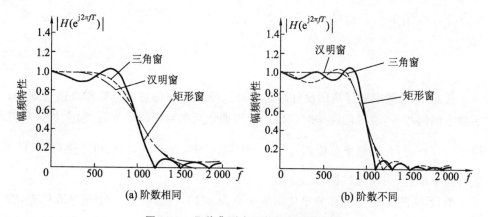

图1-18 几种典型窗函数幅频特性比较

实际工程中通常不可能直接给出滤波器的阶数和窗函数类型,应根据给定条件计算出滤波器的阶数,选择合适类型的窗函数。

**2) 频率取样法**

频率取样法也是 FIR 滤波器设计中常用的方法,仍然是从系统的频率特性 $H(e^{j\omega T})$ 入手,对目标系统在某些频率点 $\omega_i$ 上的频率特性进行取样,要求所设计的 FIR 滤波器的频率响应在这些指定的频率点 $\omega_i$ 上的频率特性与目标系统在这些点上的特性完全相同,以此为依据设计出合适的 FIR 滤波器。

根据具体取样方法的不同,滤波器设计的过程包括均匀取样和非均匀取样两种。

(1) N 点频率均匀取样法

如果目标系统的频率特性为 $H(e^{j\omega T})$,根据 FIR 滤波器的频率特性呈周期性的特点,必须将目标系统的频率特性周期化,以便设计。在周期化以前,先用频域门函数 $G_{2\pi}(\omega)$ 乘以原来的频率特性,以防止周期化时产生频谱混叠。由此,周期化后的目标系统频率特性如式(1-95)所示。

$$\widetilde{H}(e^{j\omega T}) = \sum_{n=-\infty}^{+\infty} H[e^{j(\omega+2n\pi)T}]G_{\omega_s}(\omega) \qquad (1\text{-}95)$$

式中，$T$ 为取样周期，对应的取样角频率为 $\omega_s = \dfrac{2\pi}{T}$。

对频率 $\omega$ 在主值范围 $0\sim\omega_s$ 内进行 $N$ 等分，可得到 $N$ 个频率取样点 $\omega_n = \dfrac{\omega_s}{N}n$ ($n=0,1,\cdots,N-1$)，假设 $N$ 阶 FIR 滤波器的单位函数响应为 $h_d(k)$，则经分析计算，$h_d(k)$ 可以通过序列 $\widetilde{H}(e^{j\frac{\omega_s}{N}nT})$ 的 $N$ 点 IDFT 求得，如式(1-96)所示，由此可以完成 FIR 滤波器的设计。

$$h_d(k) = \text{IDFT}\{\widetilde{H}(e^{j\frac{\omega_s}{N}nT})\} = \frac{1}{N}\sum_{n=0}^{N-1}\widetilde{H}(e^{j\frac{\omega_s}{N}nT})e^{j\frac{2\pi}{N}nkT} \quad (n=0,1,\cdots,N-1)$$

$$(1\text{-}96)$$

（2）任意 $N$ 点频率取样法

任意 $N$ 点频率取样法的设计思路是对频率轴上的任意数量取样点进行取样，不要求间隔相等，取样同样是对式(1-95)周期化后的目标频率进行，但主值区间可以取 $-\dfrac{\omega_s}{2}\sim\dfrac{\omega_s}{2}$，在此频率范围内，$H(e^{j\omega})$ 和 $\widetilde{H}(e^{j\omega})$ 完全相同，因此可直接对 $H(e^{j\omega})$ 进行频率取样，周期化过程可以省略。

假设 $N$ 阶 FIR 滤波器的单位函数响应为 $h(k)$，任意确定 $N$ 个频率取样点，将各取样点频率代入系统的频率特性，可以列出 $N$ 个方程，构成 $N$ 元一次方程组，可以解得 FIR 滤波器的单位函数响应。

### 5. FIR 滤波器与 IIR 滤波器比较

FIR 滤波器和 IIR 滤波器都是实际工程中常用的数字滤波器，这两种滤波器各有特点。

① 从系统的幅频特性看，IIR 滤波器由于综合利用了系统的零点和极点，容易达到比较理想的设计效果；而 FIR 滤波器由于只有零点，效果较 IIR 滤波器差。要达到与 IIR 滤波器相似的效果，往往要提高系统的阶数，增加计算量。

通过两种滤波器实现同样截止频率的低通滤波器的幅频特性的比较，FIR 滤波器要达到 4 阶 IIR 滤波器相近的效果，需要使用 16 阶的 FIR 滤波器。滤波器阶数的增加必然导致计算量的增加，影响信号处理的速度。所以，在对滤波器幅频特性和处理速度有很高要求的场合，多使用 IIR 滤波器。

② 从相位特性看，FIR 滤波器可以得到线性相位数字滤波器，满足信号不失真传输的要求；而使用 IIR 滤波器则做不到。IIR 滤波器的幅频特性越好，相位非

线性就越严重。所以,在对线性相位要求高的场合,往往使用 FIR 滤波器。

③ 从系统稳定性看,FIR 滤波器由于没有极点,所以一定是稳定的;而 IIR 滤波器的稳定与否取决于其极点的位置。即使 IIR 滤波器的极点都处于 $Z$ 平面单位圆内部,如果其中某个极点非常靠近 $Z$ 平面的单位圆,则在实际使用中,有时也会由于数据计算误差的存在而导致系统不稳定。

④ 从滤波器设计方法看,IIR 滤波器的设计参照连续时间系统的传输函数进行,可以充分利用模拟滤波器的设计结果,但是要求设计者具有一定的模拟滤波器设计知识,而且必须保证在模拟滤波器中能够找到合适的滤波器原型作为设计的基础;而 FIR 滤波器设计完全是根据系统频率特性进行的,不需要设计者具有其他滤波器的设计知识,其目标系统甚至可以是一个非因果系统,设计方法比较简单。

FIR 滤波器和 IIR 滤波器设计过程中的计算量都比较大,但这些计算都可以通过计算机完成,非常方便。目前在很多计算机辅助分析计算软件中都提供了多种 IIR 和 FIR 设计工具,可以直接完成滤波器的设计工作。

综上所述,IIR 滤波器和 FIR 滤波器各有其优缺点。在设计时,必须根据实际需要选用合适的数字滤波器。

# 第 2 篇

## 信号与系统仪器实验

# A 仪器设备使用说明

## 单元一

【信号与系统实验教程】

# 数字存储示波器的使用

### 1. 数字存储示波器的特点

泰克(Tektronix)TDS-210 型数字存储示波器是一种小巧、轻型、便携式的可用来进行以接地电平为参考点测量的示波器,具有两路通道。TDS-2102 型数字存储示波器的使用与 TDS-210 型基本相同,两种示波器实物图如图 2A-1 所示。

(a) TDS-210 型        (b) TDS-2102 型

**图 2A-1　TDS-210 型和 TDS-2102 型数字存储示波器**

TDS-210 型数字存储示波器面板如图 2A-2 所示。TDS-210 型数字存储示波器具有如下特点:

① 60 MHz 带宽,20 MHz 可选带宽限制。

② 每个通道都具有 1 GS/s 取样率和 2 500 点记录长度。

③ 光标具有读出功能。

④ 具有 5 项自动检测功能。

⑤ 带温度补偿和可更换背光的高分辨率、高对比度的液晶显示。

⑥ 设置和波形可储存和调出。

⑦ 提供快速设置的自动设定功能。

⑧ 数字式实时示波器。

⑨ 具有双时基。

⑩ 具有视频触发功能。

⑪ 具有通用通信端口,易增扩展模块选购件。

⑫ 具有不同的持续显示时间。

⑬ 配备了 9 种语言的用户接口。

欲选择显示语言,可按下【UTILITY(菜单)】按钮,然后按语言菜单项以选择适当的语言。

⑭ 探头衰减系数可设定。

示波器出厂时探头菜单衰减的预定设置为 10×,如要改变或检查探头衰减系数设定值,按所使用通道的【VERTICAL MENU(垂直功能菜单)】按钮,然后按屏幕右侧显示菜单的【Probe(探头)】按钮旁的选择钮,直至显示正确的设定值。该设定在再次改变前一直有效。

注意:使用探头时请将手指保持在探头体上安全环套后面,不要接触探头头部的金属部分,以防止在使用探头时受到电击。

⑮ 具有探头补偿。

在首次将探头与任一输入通道连接时,进行此项调节,使探头与输入通道匹配。具体操作为:将探头端部与探头补偿器的 5 V 端口连接,基准导线与探头补偿器的地线相连,打开通道,然后按自动设置。检查所显示的波形形状,通过探头上的调节装置(陷入探头中的螺钉)进行必要的调节。

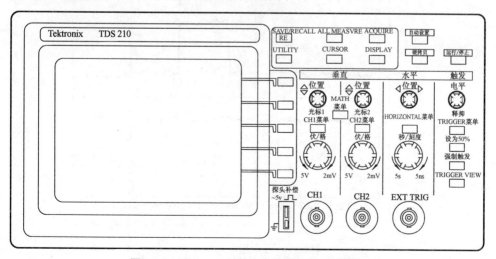

**图 2A-2　TDS-210 型数字存储示波器的面板图**

## 2. 数字存储示波器的基本操作

TDS-210 型数字存储示波器面板分为若干功能区,操作使用方便。

### 1) 数字存储示波器的显示区

TDS-210 型数字存储示波器显示区如图 2A-3 所示。显示区除了显示波形以外,还包括许多有关波形和仪器控制设定值的细节。

① 不同的图形表示不同的获取方式。

② 触发状态信息。

③ 指针表示触发水平位置,【水平位置】控制钮可调整其位置。

④ 读数显示触发水平位置与屏幕中心位置的时间偏差,屏幕中心处为零。

⑤ 指针表示触发电平。

⑥ 读数表示触发电平的数值。

⑦ 图标表示所选触发类型。

⑧ 读数表示用以触发的信源。

⑨ 读数表示视窗时基设定值。

⑩ 读数表示主时基设定值。

⑪ 读数显示通道的垂直标尺因数。

⑫ 显示区短暂显示在线信息。

⑬ 在屏指针表示所显示波形的接地基准点。

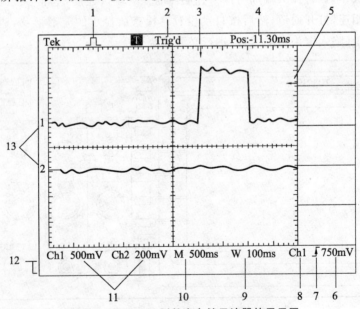

**图 2A-3   TDS-210 型数字存储示波器的显示区**

**2）数字存储示波器的菜单系统**

TDS-210 型数字存储示波器的用户界面，可使用户通过菜单结构简便地实现各项专门功能。

按面板的某一菜单按钮，与之相对应的菜单标题将显示在屏幕的右上方，菜单标题下为菜单项。使用每个菜单项右边的【BEZEL】按钮可改变按钮设置。

TDS-210 型数字存储示波器共有 4 种类型菜单项供改变设置时选择：环形表单、动作按钮、无线电按钮和页面选择。

TDS-210 型数字存储示波器的菜单系统如图 2A-4 所示。

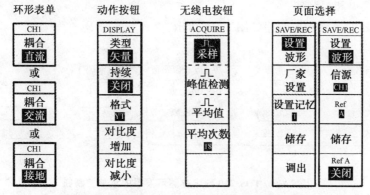

**图 2A-4　TDS-210 型数字存储示波器的菜单系统**

**3）数字存储示波器的波形显示**

TDS-210 型数字存储示波器波形显示的获得取决于仪器上的许多设定值，一旦获得波形，即可进行测量。

波形将依据其类型以 3 种不同的形式显示：黑线、灰线和虚线，如图 2A-5 所示。

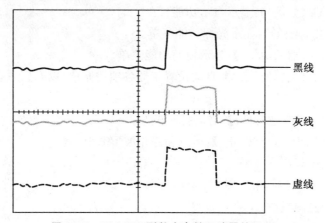

**图 2A-5　TDS-210 型数字存储示波器的显示**

① 黑色实线波形表示显示的活动波形。

获取停止以后,只要引起显示精确度不确定的控制值保持不变,波形将始终保持黑色。在获取停止以后,可以改变垂直和水平控制值。

② 参考波形和使用显示持续时间功能的波形以灰色线条表示。

③ 虚线波形表示波形显示精确度不确定。

**4) 数字存储示波器的控制按钮**

TDS-210 型数字存储示波器的控制按钮包括菜单控制钮、垂直控制钮、水平控制钮、触发控制钮。

(1) 菜单和控制钮

示波器的菜单和控制钮如图 2A-6 所示。

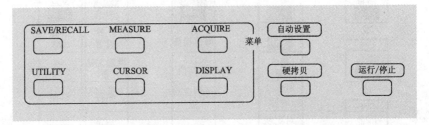

**图 2A-6　TDS-210 数字存储示波器的菜单控制钮**

各控制按钮的功能如下所示:

【SAVE/RECALL(储存/调出)】:显示储存/调出功能菜单,用于仪器设置或波形储存/调出。

【MEASURE(测量)】:显示自动测量功能菜单。

【ACQUIRE(获取)】:显示获取功能菜单。

【DISPLAY(显示)】:显示显示功能菜单。

【CURSOR(光标)】:显示光标功能菜单。

【UTILITY(辅助功能)】:显示辅助功能菜单。

【AUTOSET(自动设置)】:自动设置仪器各项控制值,以产生适宜观察的输入信号显示。

【HARDCOPY(硬拷贝)】:启动打印操作。

【RUN/STOP(运行/停止)】:运行和停止波形获取。

(2) 垂直控制钮

示波器的垂直控制钮如图 2A-7(a)所示。

(3) 水平控制钮

示波器的水平控制钮如图 2A-7(b)所示。

（4）触发控制钮

示波器的触发控制钮如图 2A-7(c)所示。

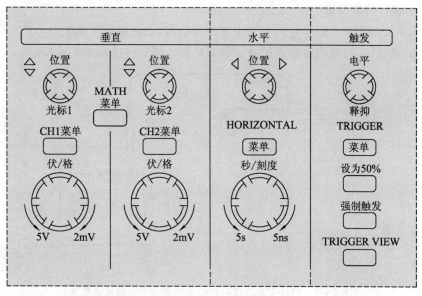

(a) 垂直控制钮　　　　(b) 水平控制钮　　(c) 触发控制钮

**图 2A-7　示波器控制钮**

### 5）数字存储示波器的连接器

数字存储示波器的连接器如图 2A-8 所示。

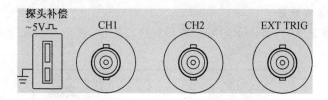

**图 2A-8　TDS-210 型数字存储示波器的连接器**

各连接器的功能如下：

【PROBE COMP(探头补偿器)】：电压探头补偿器的输出与接地,用来调整探头与输入电路的匹配。

【CHl(通道 1)】、【CH2(通道 2)】：通道波形显示所需的输入连接器。

【EXT TRIG(外部触发)】：外部触发所需的输入连接器。

### 3. 数字存储示波器的应用实例

#### 1）进行简单测量

用示波器观察电路中幅值与频率未知的信号,迅速显示和测量信号的频率、周期和峰–峰幅值,可使用示波器的自动设置功能。测量连接如图 2A-9 所示。

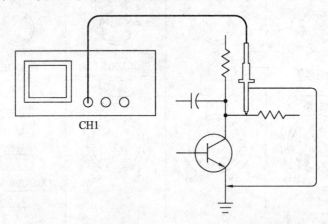

**图 2A-9　TDS-210 型数字存储示波器的基本测量连接图**

使用自动设置操作步骤如下:

① 将探头菜单衰减系数设定为 $10\times$,并将 P2100 探头上的开关设定为 $10\times$。

② 将通道 1 的探头连接到信号源。

③ 按下自动设置按钮,示波器将自动设置垂直、水平和触发控制。

#### 2）进行自动测量

进行自动测量时,可按下述所示各步骤进行操作,波形显示和菜单如图 2A-10 所示。

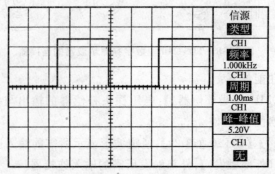

**图 2A-10　TDS-210 型数字存储示波器的自动测量**

① 按下【MEASURE】按钮以显示测量菜单。

② 按下顶部菜单按钮以选择信源。

③ 选择【CH1】进行信号的频率、周期和峰–峰值测量。

④ 按下顶部菜单按钮选择类型。

⑤ 按下第一个【CH1】菜单框按钮以选择频率。

⑥ 按下第二个【CH1】菜单框按钮以选择周期。

⑦ 按下第三个【CH1】菜单框按钮以选择峰–峰值。

**3）测量两路信号**

实例：音频放大器的增益测量。

将示波器的两个通道按图 2A-11 所示连接到放大器的输入与输出端，测量两路信号的电平，利用测量结果计算增益。

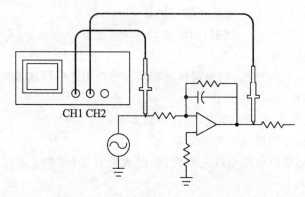

CH1 CH2

**图 2A-11   TDS-210 型数字存储示波器两路信号的测量连接图**

测量两路信号的操作如下，测量两路信号时的波形显示如图 2A-12 所示。

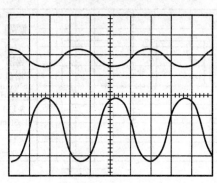

**图 2A-12   TDS-210 型数字存储示波器的两路波形显示**

（1）激活并显示通道 CH1 和通道 CH2 中的信号，按以下步骤操作。

步骤 1：若通道中的信号未被显示，则按下【CH1】菜单和【CH2】菜单；

步骤 2：按下自动设置按钮。

（2）对两个通道进行测量，按以下步骤操作。

步骤 1：选择信源通道。

① 按下【MEASURE】按钮显示测量菜单；② 按下顶部菜单框按钮选择信源；③ 按下第二个菜单框按钮以选择【CH1】；④ 按下第三个菜单框按钮以选择【CH2】。

步骤 2：选择每个通道的测量类型。

① 按下顶部菜单框按钮选择类型；② 按下【CH1】菜单按钮选择峰-峰值；③ 按下【CH2】菜单按钮选择峰-峰值。

步骤 3：从显示菜单上读出通道 1 和通道 2 的峰-峰值。

步骤 4：利用以下公式计算放大器增益。

$$增益＝输出增益 / 输入增益$$

$$增益（dB）＝ 20×\log（增益）$$

**4）测量脉冲宽度**

实例：分析一脉冲波形，需测量脉冲宽度。可使用光标迅速地对波形进行时间和电压测量，如图 2A-13 所示。

使用时间光标测量脉冲宽度，操作步骤如下：

① 按下光标按钮以显示光标菜单。

② 按下顶部菜单框按钮以选择时间，出现垂直光标（测量电压差时可选择电压，出现水平光标）。

③ 按下信源菜单框按钮以选择"CH1"。

④ 旋转【光标 1】旋钮置光标于脉冲的上升沿。

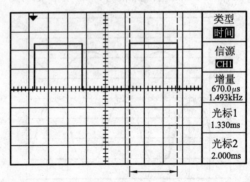

**图 2A-13　TDS-210 型数字存储示波器的脉冲宽度测量**

⑤ 旋转【光标 2】旋钮置另一光标于脉冲的下降沿。

光标菜单中将显示下列测量值：【光标 1】相对触发的时间；【光标 2】相对触发的时间；增量时间，即脉冲宽度的测量值。

**5）硬拷贝**

按【HARDCOPY（硬拷贝）】钮，即可打印出显示图像的硬拷贝。

若要硬拷贝功能生效，需要安装带有 Centronics，RS-232 或 GPIB 端口的扩展模块，并与打印机相连接。

有关扩展模块的连接及使用，可参看随附的扩展模块的说明书。

# 单元二

【信号与系统实验教程】

# 智能信号测试仪的使用

IST-B 智能信号测试仪是一种通用型电子实验平台,采用微处理器技术、EDA 技术和数字信号处理技术,其智能化程度高,各种测试功能可自动切换,既能同时工作,又能单独工作。IST-B 智能信号测试仪实物如图 2A-14 所示。

图 2A-14　IST-B 智能信号测试仪

## 1. 智能信号测试仪的主要功能模块

智能信号测试仪具有信号产生、信号检测、信号分析、模拟训练、直流电源 5 大功能块,共具有 26 种功能。

### 1) 信号产生模块

智能信号测试仪信号产生模块既能产生正弦波、方波、三角波、TTL 波等周期信号,也能产生随机信号如白噪声、伪随机序列,还能产生带载信息的调频波、调相波等。

### 2) 信号检测模块

信号检测模块能对幅度与频率等电信号的基本参数进行定量测量,还能进行扫频测量。

**3）信号分析模块**

信号分析模块能在一定范围内对电信号的频谱、失真度进行定量分析。

**4）模拟训练模块**

模拟训练模块作为一个电子实验平台，能完成信号的采样、存储、合成、一阶系统电路过渡过程模拟以及数据通信训练等电子实验项目。

**5）直流电源模块**

直流电源模块能输出 4 路直流电源，其中：＋5 V 电源输出电流 3 A；−5 V，−12 V 电源输出电流 1 A；0～12 V 可调电源输出电流 1 A。

### 2. 智能信号测试仪的工作原理

**1）信号产生模块工作原理**

信号产生模块由高频信号产生、低频信号产生、特殊波形产生 3 部分电路组成。

（1）高频信号产生电路

高频信号产生电路能产生 300 kHz～40 MHz 的正弦信号，还能产生高频调幅信号和高频调频信号，其主要工作原理如图 2A-15 所示。

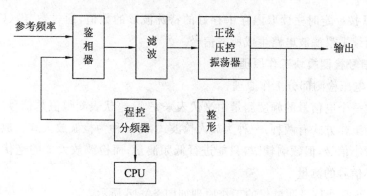

**图 2A-15　高频信号产生电路原理框图**

（2）低频信号产生电路

低频信号的工作频率范围为 10 Hz～300 kHz，能产生正弦波、方波、三角波，幅度和频率全数控，其主要工作原理如图 2A-16 所示。

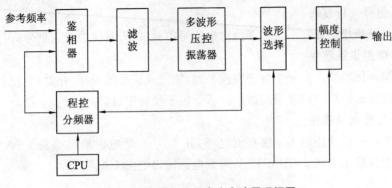

**图 2A-16　低频信号产生电路原理框图**

（3）特殊波形产生电路

特殊波形产生电路能够产生 PSK、FSK、脉宽波、噪声、特殊波形等信号，其工作原理如图 2A-17 所示。

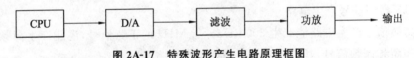

**图 2A-17　特殊波形产生电路原理框图**

CPU 按一定时序读取内存中存好的特殊波形的数值，通过数/模（D/A）转换电路及后续平滑滤波电路生成所需信号。

**2）信号检测模块工作原理**

（1）电压检测部分工作原理

通常一个电信号的幅度测量由毫伏表来完成，毫伏表测得值是信号的有效值。毫伏表的工作方式有两种：一种为放大检波式，另一种为检波放大式。放大检波式能够测量小信号，但频响较窄，只能进行低频测量；而检波放大式的毫伏表一般不能进行小信号的测量。

IST-B 智能信号测试仪的工作原理如图 2A-18 所示。

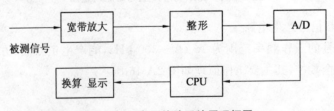

**图 2A-18　电压检波系统原理框图**

输入信号经过宽带放大后进行检波，CPU 通过模/数（A/D）转换电路，测得近似直流值，再经过软件查表，换算出对应的有效值。

由于采用了软硬件相结合的方法,克服了检波二极管的非线性问题和通道的频响误差,保证了测量的精度。

(2) 频率测量工作原理

频率测量部分的组成框图如图 2A-19 所示。

低频信号测量不经过 64 分频,高频测量经过 64 分频,仪表测量范围为 10 Hz~50 MHz。

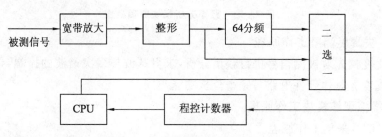

图 2A-19　频率测量系统原理框图

(3) 扫频测量工作原理

扫频测量的目的是为了测量网络的传输特性,其原理如图 2A-20 所示。

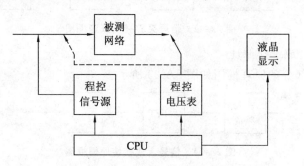

图 2A-20　扫频测量系统原理框图

测量时,CPU 使信号源按扫频方式工作,每改变一次频率,程控数字电压表测量一次被测网络的输入与输出端的信号幅度,CPU 计算出两者的比值,即得到该点的频率响应,扫描完毕,CPU 控制液晶显示器,描出网络的幅频特性曲线。实际测量中,为了操作的便利,程序首先将输入端各频率点的幅值一次测量完毕,并存储下来,再进行输出端各点的测试,整个操作只需移动一次测量探头。

**3) 信号分析模块工作原理**

(1) 频谱分析工作原理

频率分析功能是为了检测信号的频域特性,其原理如图 2A-21 所示。

其中 AGC 电路对被测信号进行适当处理,以保证 A/D 输入端有合适的信噪比,CPU 对信号进行采集以后,进行快速傅里叶变换,算出被测信号频谱,然后在液晶显示器上显示出来。

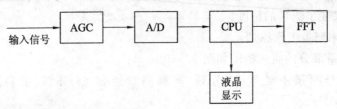

图 2A-21 频率分析模块原理框图

（2）失真度测量工作原理

失真度仪先对被测信号进行频谱分析，求得基波与多次谐波的振幅，再由程序算得失真度。具体硬件电路与频谱分析功能类同。

**4）模拟训练模块工作原理**

（1）信号采集工作原理

信号采集系统的原理框图如图 2A-22 所示。

图 2A-22 信号采集模块原理框图

（2）信号合成工作原理

信号合成部分的原理框图如图 2A-23 所示。

图 2A-23 信号合成模块原理框图

当输入频谱选定以后，CPU 通过反 FFT 程序，算得该信号的时域样值，再控制数/模（D/A）转换电路，生成对应的时域信号。

（3）数据通信工作原理

数据通信模块的原理框图如图 2A-24 所示。

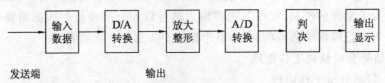

图 2A-24 数据通信模块原理框图

发送端根据键盘输入的数据，按固定格式增加同步信息与纠错信息，经由 D/A 单元发出 2FSK 信号，接收端对输入信号进行实时监控，收到同步头后，确认同步，接收信息并解码,在液晶显示器上显示出发送端所发的信息。

### 3. 智能信号测试仪的主要功能和指标

IST-B 智能信号测试仪具有如下主要特点:采用数控信号源,测试功能齐全;智能化程度高,性能稳定可靠;可实现一机多用,通用性强。主要功能及其技术指标描述如下。

(1) 低频信号发生器

智能信号测试仪的低频信号发生器能产生工作频率为 10 Hz~300 kHz,频率间隔为 1 Hz 的低频正弦信号,其指标为——

① 频率范围:10 Hz~300 kHz。

② 频率间隔:1 Hz。

③ 信号失真:小于 3%。

④ 信号幅度:0~3 V。

⑤ 稳定度:≤±$10^{-4}$。

(2) 高频信号发生器

高频信号发生器能产生工作频率为 300 kHz~40 MHz,频率间隔为 500 Hz 的高频正弦信号,其指标为——

① 频率范围:300 kHz~40 MHz。

② 频率间隔:500 Hz。

③ 信号失真:小于 5%。

④ 信号幅度:$V_{pp}$>500 mV。

⑤ 稳定度:≤±$10^{-4}$。

(3) FSK 信号发生器

FSK 信号发生器能产生速率为 200,300,600,900,1 800 B/s($f_H$:1 800 Hz;$f_L$:900 Hz)的 FSK 信号,其指标为——

① 波特率:200,300,600,900,1 800 B/s。

② 码型:全"0"码、全"1"码、巴克码、交替码、双"0"双"1"码。

③ 正弦频率:900 Hz,1 800 Hz。

④ 信号幅度:$V_{pp}$>2 V。

(4) PSK 信号发生器

PSK 信号发生器能产生速率为 200,300,600,900,1 800 B/s(中心频率 1 800 Hz)的 PSK 信号,其指标为——

① 波特率:200,300,600,900,1 800 B/s。

② 码型:全"0"码、全"1"码、巴克码、交替码、双"0"双"1"码。

③ 正弦频率:1 800 Hz。

④ 信号幅度:$V_{pp}>2$ V。

(5) 三角波发生器

三角波发生器能提供频率为 1～200 kHz,频率间隔为 1 Hz 的三角波,其指标为——

① 频率范围:1～200 kHz。

② 信号幅度:$V_{pp}>2$ V。

(6) 伪噪声发生器

该发生器能产生 0～3 kHz 的窄带白噪声输出,幅度为0～3 V。

(7) 调幅波发生器

调幅波发生器能产生载波频率为 300 kHz～15 MHz,调制频率为 1～20 kHz,调幅度为 0～150% 的调幅信号。其指标为——

① 载波频率:300 kHz～15 MHz。

② 信号频率:300 Hz～20 kHz。

③ 调制度:0～150% 连续可调。

(8) 调频波发生器

调频波发生器能产生中心频率为 6.5 MHz 的调频信号。

(9) TTL 信号输出

TTL 信号输出频率为 10 Hz～300 kHz,频率间隔为1 Hz。其指标为——

① 频率范围:10 Hz～300 kHz。

② 信号幅度:TTL 电平。

(10) 脉宽波发生器

脉冲波发生器将产生频率为 300 Hz,脉宽比为两位数字的任意比的脉宽波信号。

(11) 频率测量

频率测量功能测试的频率范围为 0～40 MHz,测试灵敏度为 20 mV。其指标为——

① 测量范围:1 Hz～40 MHz。

② 灵敏度:1～50 Hz,200 mV;

          50 Hz～2 MHz,20 mV;

          2～50 MHz,100 mV。

③ 准确度:$10^{-4}$。

(12) 频谱分析

频谱分析功能主要用于分析基带频谱。其指标为——

① 频率范围:10 Hz~5 kHz。

② 输入信号:$U>100$ mV。

③ 分辨率:12.5 Hz 和 100 Hz 两挡。

(13) 频响测量

频响测量可测的信号频率范围为 0~20 MHz。其指标为——

① 频率测量范围:10 Hz~20 MHz。

② 准确度:±5%。

(14) 失真度测量

失真度测量主要用于基带波形失真状况的测量。其指标为——

① 频率范围:10 Hz~5 kHz。

② 误差:±5%。

(15) 交流电压测量

交流电压测量功能主要用于频率为 10 Hz~20 MHz,幅度为 3 mV~25 V 的交流信号的测量。其指标为——

① 频率:10 Hz~20 MHz。

② 幅度:3 mV~25 V。

③ 精确度:±3%。

(16) 方波产生器

方波发生器能产生频率为 10 Hz~300 kHz,频率间隔为 1 Hz 的方波信号。其指标为——

① 频率范围:10 Hz~300 kHz。

② 信号幅度:0~10 V。

(17) 直流电源输出

直流电源输出功能可产生+5 V(3 A),−5 V(1 A),−12 V(1 A),+E(0~12 V 可调,1 A)等 4 组直流电源,其中+E 为可调电源,其电压值显示于屏幕右下角。

(18) 频率键控

频率键控功能可按需要设定频率变化的起始频率和步长,根据设定的始频和步长,键控信号源频率,通过光标控制键修改信号频率。

(19) 查询

该功能可同时查看高、低频信号源频率,频率测量、交流电压测量的最新测量结果以及可调电源的监控值。

(20) 伪随机序列

该功能能产生 32,64 位可选,速率 100~10 000 B/s 的伪随机码。

（21）综合测量

综合测量功能可同时进行被测信号的频率和幅度的测量。

（22）特殊信号

该功能可产生 8 种特殊波形，各 10 个频率点。

（23）模拟训练

该功能为一阶电路过渡过程模拟。

（24）数据通信

该功能为 2FSK 调制与解调。

（25）信号采样

该功能可静态显示低频信号时域波形，可观察不同取样频率时的不同结果。

（26）信号合成

该功能可根据需要设定不同频率点的相对幅值和相位，按照设置的频谱合成出对应的信号波形并输出。

### 4. 智能信号测试仪的操作方法

IST-B 智能信号测试仪属信号系统实验仪器，可独立完成部分基本的实验项目；加配一台示波器，可完成大部分实验项目。

IST-B 智能信号测试仪的面板如图 2A-25 所示，包括液晶显示器、键盘、信号输入、信号输出、电源开关、稳压电源输出等部分。

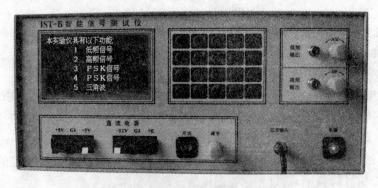

图 2A-25　IST-B 智能信号测试仪面板图

打开电源开关给智能信号测试仪加电开机后，显示器将自动循环显示智能信号测试仪的各功能菜单的数字代码和中文名称。循环显示功能菜单时，按任意键（【复位】键除外）进入功能选择界面，通常可按【取消】键。此时光标闪烁，等待输入。从键盘输入数字代码，屏幕会弹出对应的功能名称，输入有效的功能代码后，按【确认】键后系统进入所选择的功能；若按【取消】键，系统则回到循环显示功能菜单界面。

功能选择界面如图 2A-26 所示,窗口右下角的反显数字为可调电源＋E 的输出电压值。

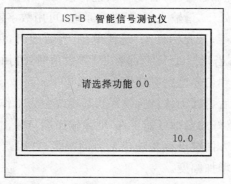

**图 2A-26　智能信号测试仪功能选择界面**

任意时刻按【复位】键(键盘上的红键),系统将复位,回到默认初始设置状态。

智能信号测试仪工作时,按【取消】键进入设置状态,在设置状态时,可按数字键输入对应的代码选择相应的功能;按【取消】键进入功能选择界面。

在设置操作后,若系统出现"超出范围"提示,按【取消】键可进入设置界面,重新设置相关的参数。

智能信号测试仪的各功能中,部分参数的设定可用数字键输入需要设定的参数;部分参数的设定可通过选择参数及其具体数值设定,选择参数项时,可使用上、下方向键;改变所选某一参数项中的不同数值时,可使用左、右方向键。

本仪器使用中,禁止将超过 30 V 的信号加在本仪表输入探头上。

本仪器各功能的操作方法详述如下。

**1) 低频信号**

低频信号功能可提供 10 Hz～300 kHz 的正弦波信号输出,该功能的显示界面如图 2A-27 所示。

**图 2A-27　智能信号测试仪低频信号设置界面**

进入该功能设置界面后,光标在"请输入频率"的数值处闪烁,屏幕左下角显示"设置",此时处于设置状态,可对各项参数进行修改。按上、下方向键,移动光标,选择参数项。当光标处于"请输入频率"参数项时,可用数字键输入数值设置频率,用【清零】键可将其清零;当光标处于"选择单位"参数项时,用左、右方向键可选择单位:Hz,kHz,MHz;当光标处于"信号幅度"参数项时,可用数字键输入数值,【清零】键可将其清零,低频信号幅度有效值为 $0\sim3\,000$ mV。

设置好各项参数后,按【确认】键,设置状态将改变为工作状态,光标消失,参数不可更改,系统按设置好的参数开始工作,低频输出端口输出设定的正弦信号。在工作状态时,按左、右方向键可调整输出信号的幅度,并跟踪显示幅值,按【←】键,减小幅度;按【→】键,增加幅度。

若将低频输出端口旁的电位器拉出,可使输出的低频信号衰减 10 倍,若将电位器按下则直接输出。如需输出小信号,可将低频信号的幅度设定为 10 倍输出值,然后拉出电位器,输出信号衰减 10 倍,可得到波形很好的小信号。

**2) 高频信号**

高频信号功能可提供 300 kHz~40 MHz 的正弦波信号输出,该功能的显示界面如图 2A-28 所示。

**图 2A-28 智能信号测试仪高频信号设置界面**

进入该功能设置界面后,光标在"请输入频率"的数值处闪烁,屏幕左下角显示"设置",此时处于设置状态,可对各项参数进行编辑。按上、下方向键,可移动光标,选择参数项。当光标处于"请输入频率"参数项时,可用数字键输入数值,【清零】键可将其清零;当光标处于"选择单位"参数项时,用左、右方向键可选择单位:Hz,kHz,MHz。设置好各项参数后,按【确认】键,设置状态改为工作状态,光标消失,参数不可更改,系统按设置好的参数开始工作,高频输出端口输出设定的正弦信号,高频信号幅度可通过高频输出端口旁的电位器调节。

### 3）FSK 信号

FSK 信号功能设置界面显示如图 2A-29 所示。

图 2A-29　智能信号测试仪 FSK 信号设置界面

进入该功能设置界面后，光标在"请选择速率"的数值处闪烁，屏幕左下角显示"设置"，此时处于设置状态，可对各项参数进行编辑。按上、下方向键，移动光标，可选择参数项。当光标处于"请选择速率"参数项时，可用左、右方向键选择波特率：200,300,600,900,1 800 B/S；当光标处于"选择码形"参数项时，用左、右方向键可选择码形。设置好各项参数后，按【确认】键，设置状态改为工作状态，光标消失，参数不可更改，系统按设置好的参数开始工作，低频输出端口输出设定的 FSK 信号。

### 4）PSK 信号

PSK 信号功能设置界面显示如图 2A-30 所示。

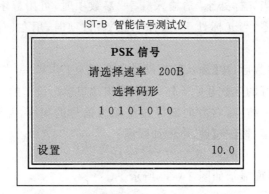

图 2A-30　智能信号测试仪 PSK 信号设置界面

进入该功能设置界面后，光标在"请选择速率"的数值上闪烁，屏幕左下角显示"设置"，此时处于设置状态，可对各项参数进行编辑。按上、下方向键，移动光标，可选择参数项。当光标处于"请选择速率"参数项时,可用左、右方向键选择波特率:200,300,600,900,1 800 B/S;当光标处于"选择码形"参数项时,用左、右方向键可选择码形。设置好各项参数后,按【确认】键,设置状态改为工作状态,光标消失,参数不可更改,系统按设置好的参数开始工作,低频输出端口输出设定的 PSK信号。在工作状态时,按【取消】键可进入设置状态,在设置状态时,按【取消】键可进入功能选择界面。

**5)三角波**

本功能可提供 1~200 kHz 的三角波输出,该功能设置界面显示如图 2A-31所示。

**图 2A-31　智能信号测试仪三角波设置界面**

进入该功能设置界面后,光标在"请输入频率"的数值处闪烁,屏幕左下角显示"设置",此时处于设置状态,可对各项参数进行编辑。按上、下方向键,可移动光标,选择参数项。当光标处于"请输入频率"参数项时,可用数字键输入数值,【清零】键可将其清为零;当光标处于"选择单位"参数项时,用左、右方向键可选择单位:Hz,kHz,MHz。

设置好各项参数后,按【确认】键,设置状态改为工作状态,光标消失,参数不可更改,系统按设置好的参数开始工作,低频输出端口输出设定的三角波信号。

在工作状态下,按左、右方向键可调整输出信号的幅度,并跟踪显示幅值,按【←】键,可减小幅度,按【→】键,可增加幅度。

**6)伪噪声**

该功能设置界面显示如图 2A-32 所示。

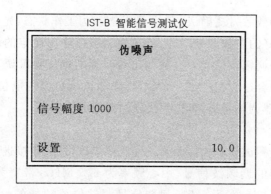

**图 2A-32　智能信号测试仪伪噪声设置界面**

　　进入该功能设置界面后,光标闪烁,屏幕左下角显示"设置",此时处于设置状态。本功能只要求设置噪声幅度,可用数字键输入数值,用【清零】键将其清零,噪声幅度可为 0～3 000 mV 挡。按【确认】键,设置状态将改为工作状态,光标消失,参数不可更改,系统按设置好的参数开始工作,低频输出端口输出设定的伪噪声。

　　在工作状态下,按左、右方向键可调整输出信号的幅度,并跟踪显示幅值,按【←】键,可减小幅度,按【→】键,可增加幅度。

**7) 调幅波**

　　该功能设置界面显示如图 2A-33 所示。

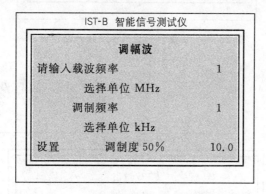

**图 2A-33　智能信号测试仪调幅波设置界面**

　　进入该功能设置界面后,光标在"请输入载波频率"的数值处闪烁,屏幕左下角显示"设置",此时处于设置状态,可对各项参数进行编辑。按上、下方向键,可移动光标,选择参数项。当光标处于"调制频率"参数项时,可用数字键输入数值,【清零】键可将其清零;当光标处于"选择单位"参数项时,用左、右方向键可选择单位:Hz,kHz,MHz;当光标处于"调制度"参数项时,可用数字键输入数值,【清零】键可将其清为零。

设置好各项参数后,按【确认】键,设置状态改为工作状态,光标消失,参数不可更改,系统按设置好的参数开始工作,低频输出端口输出设定的调制信号,高频输出端口输出设定的调幅波信号。高频输出端口旁的电位器可调整载频的幅度,将载频输出幅度调整合适(200~500 mV),低频输出端口旁的电位器可调整已调波的幅度,将两电位器调整合适,可得到最佳的调幅波输出。

**8) 调频波**

旧版智能信号测试仪本功能无须设置任何参数,系统直接进入工作状态,高频输出端口输出特定的调频波信号(中心频率为 6.5 MHz,带宽为 1 MHz),按【取消】键将进入功能选择界面。新版智能信号测试仪该功能的设置界面显示如图 2A-34 所示。

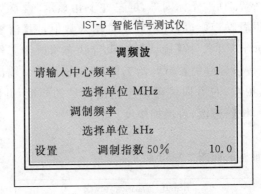

**图 2A-34　智能信号测试仪调频波设置界面**

**9) TTL 输出**

本功能可提供 10 Hz~300 kHz 的 TTL 电平方波输出,设置界面显示如图 2A-35 所示。

**图 2A-35　智能信号测试仪 TTL 波设置界面**

进入该功能设置界面后,光标在"请输入频率"的数值处闪烁,屏幕左下角显示"设置",此时处于设置状态,可对各项参数进行编辑。按上、下方向键,可移动光标,选择参数项。当光标处于"请输入频率"参数项时,可用数字键输入数值,【清零】键可将其清零;当光标处于"选择单位"参数项时,用左、右方向键可选择单位:Hz,kHz,MHz。

设置好各项参数后,按【确认】键,设置状态改为工作状态,光标消失,参数不可更改,系统按设置好的参数开始工作,低频输出端口输出设定的 TTL 电平的方波信号。

**10)脉宽波**

该功能设置界面显示如图 2A-36 所示。进入该功能设置界面后,光标在"请输入脉宽比"的数值处闪烁,屏幕左下角显示"设置",此时处于设置状态,可对脉宽比进行编辑。

**图 2A-36　智能信号测试仪脉宽波设置界面**

本功能只能产生频率为 300 Hz 的脉宽波,脉宽比可任意输入(两位数比值),按上、下方向键,可移动光标。脉宽比设定后,按【确认】键,设置状态改为工作状态,光标消失,参数不可更改,系统按设置好的参数开始工作,低频输出端口输出设定的脉宽波信号。

**11)频率测量**

该功能设置界面显示如图 2A-37 所示。

进入该功能设置界面后,光标在"请选择信号幅度"的数值处闪烁,屏幕左下角显示"设置",此时处于设置状态,可对相关参数进行编辑。按上、下方向键,可移动光标,选择参数项。当光标处于"请选择信号幅度"参数项时,可用左、右方向键选择大(>200 mV)、小(<200 mV);当光标处于"闸门时间"参数项时,用左、右方向键可选择闸门时间:0.1,1 或 10 s。

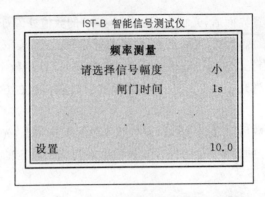

图 2A-37　智能信号测试仪频率测量设置界面

　　设置好各项参数后,按【确认】键,系统就按设置好的参数开始工作,并进入如图 2A-38 所示的工作界面。

图 2A-38　智能信号测试仪频率测量工作界面

　　进入工作界面后,光标消失,参数不可更改,频率测量值根据闸门时间不断刷新。括号内的"低频信号幅度"或"方波幅度"是本机输出的低频信号幅度或方波幅度。仅在工作状态时,按左、右方向键可调节低频的输出幅度,按【←】键,幅度减小;按【→】键,幅度增加。

　　使用频率测量功能时,应估测一下被测信号幅度,选择合适的闸门时间,被测信号频率很低时,可将闸门时间设定为 10 s。

　　**12) 频谱分析**

　　按【确认】键进入频谱分析功能工作之前,将待测信号加在本机输入探头上。注意,禁止将超过 30 V 的信号加在探头上。频谱分析功能的设置界面显示如图 2A-39 所示。

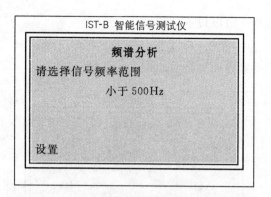

图 2A-39 智能信号测试仪频谱分析设置界面

进入该功能设置界面后,光标闪烁,屏幕左下角显示"设置",此时处于设置状态,可用左、右方向键选择范围:大于 500 Hz 或小于 500 Hz。设置好后,按【确认】键,系统就按选定的范围开始进行频谱分析,并将设置状态改为工作状态,光标消失,参数不可更改。

系统在进行频谱分析的过程中,屏幕上显示"请稍等",并有进度指示器指示分析进度。频谱分析完后,系统将被测信号的频谱显示在屏幕上。1 000 Hz 的方波在"频率范围"大于 500 Hz 和小于 500 Hz 时的频谱分别如图 2A-40 和 2A-41 所示。

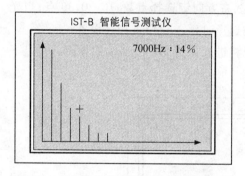

图 2A-40 频谱分析显示界面(大于 500 Hz)

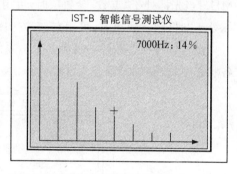

图 2A-41 频谱分析显示界面(小于 500 Hz)

图 2A-40 和图 2A-41 显示的频谱为归"1"化频谱,主谱为 100%,其他频谱分量是相对于主谱的相对值。选择"小于 500 Hz"时,频谱分辨率为 12.5 Hz,只能观察 0~2.5 kHz 频率范围内的谱线;选择"大于 500 Hz"时,频谱分辨率为 100 Hz,可观察 0~20 kHz 频率范围内的谱线。在此界面时,按方向键可移动光标,左、右移动时,顶部右边跟踪显示谱线对应的频率值及其相对频谱分量。

按【确认】键可将谱线放大显示,按【清零】键可将谱线缩小显示,按【取消】键可进入设置状态。使用本功能时,应将被测信号的幅度设定为峰值 100 mV~3 V。

本功能只能分析 5 kHz 以下的信号。

**13）频响测量**

频响测量功能设置界面的显示如图 2A-42 所示。

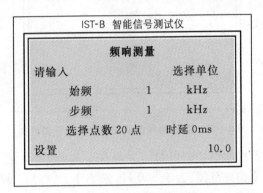

图 2A-42　智能信号测试仪频响测量设置界面

进入该功能设置界面后，光标在"始频"的数值处闪烁，屏幕左下角显示"设置"，此时处于设置状态，可对各项参数进行编辑。按上、下方向键，可移动光标，选择参数项。当光标处于"始频""步频"参数项时，可用数字键输入数值，【清零】键可将其清零；当光标处于"选择单位"参数项时，可用左、右方向键选择单位：Hz，kHz，MHz；当光标处于"点数"参数项时，可用左、右方向键选择点数：10，20，30 点；当光标处于"时延"参数项时，可用左、右方向键选择时延：0～9 ms 循环设置。

设置好各项参数后，按【确认】键，系统将进入如图 2A-43 所示的界面。在以下各状态中，按【取消】键进入设置状态。

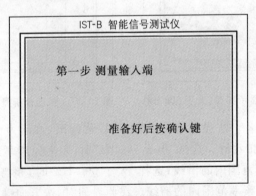

图 2A-43　智能信号测试仪频响测量提示界面 1

将本机输入探头接至待测网络的输入端，连接好后按【确认】键，屏幕上显示"请稍等"，此时，系统按设置好的参数测量输入端，并跟踪显示当前所测点数。

输入端测完后,系统显示如图 2A-44 所示的提示界面。将本机输入探头接至待测网络的输出端,连接好后按【确认】键,屏幕上显示"请稍等",此时,系统按设置好的参数测量输出端,并跟踪显示当前所测点数。输出端测完后,系统将被测网络的频响特性显示在屏幕上,如图 2A-45 所示为低通网络的频响特性。

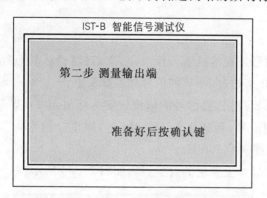

**图 2A-44　智能信号测试仪频响测量提示界面 2**

显示屏中第一行是频响的起点频率(SF)和步进频率(BF),第二行是光标所指示的频点(N)及其频率响应值。在此界面时,按方向键移动光标,光标移过某一频点时,跟踪和显示频点值及其响应值。按【↑】键可将曲线放大显示,按【↓】键可将曲线缩小显示,按【取消】键进入设置状态,在设置状态时,按【取消】键就进入功能选择界面,如图 2A-45 所示。

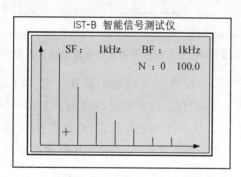

**图 2A-45　智能信号测试仪低通网络频响特性**

本功能测试的频带宽为 10 Hz～40 MHz,分为两段:10 Hz～300 kHz 为测试仪信号低频段,测试信号由低频输出口提供;300 kHz～40 MHz 为测试仪信号高频段,测试信号由高频输出口提供。在测量网络频响时,应注意频带范围,当跨越两个频段时,需分开测试。

测量衰减网络的频响时,应将本机输出的测试信号的幅度设定稍大一些;测量放大网络的频响时,应将本机输出的测试信号的幅度设定稍小一些,高频段的幅度由电位器调节,低频段的幅度可由 01 号功能设定。对于一般网络,可将"延时"设定为 1,2 ms 左右;有延时的网络,可将"延时"时间适当加长。

测试时,应先将本机的测试输出信号连接到被测网络的输入端,并保持至频响测量过程全部结束。

**14）失真度**

应先将待测信号加在本机输入探头上,然后按【确认】键启动失真度测量功能工作。应注意,禁止将超过 30 V 的信号加在探头上。

使用本功能时,应将被测信号的幅度设定为峰值 100 mV～3 V。本功能只能分析 5 kHz 以下的信号,选择小于 500 Hz 时,频率分辨率为 12.5 Hz;选择大于 500 Hz 时,频率分辨率为 100 Hz。

进入该功能后屏幕上显示的设置界面如图 2A-46 所示。

**图 2A-46    智能信号测试仪失真度设置界面**

光标闪烁,左下角显示"设置",此时处于设置状态,可用左、右方向键选择范围:大于 500 Hz 或小于 500 Hz。设置好后,按【确认】键,系统就按选定的范围开始进行失真分析,并将设置状态改为工作状态,光标消失,参数不可更改。

分析时,屏上显示"请稍等",并有进度指示器指示进度。分析完后,退回设置状态,并将分析结果显示出来。

**15）交流电压测量**

交流电压测量有两种测量方法:标准测量方式(无频率补偿)和精确测量方式(加频率补偿)。进入该功能后屏幕上显示设置界面如图 2A-47 所示。

光标闪烁,左下角显示"设置",此时处于设置状态。按上、下方向键,可移动光标,选择测量方式,按【确认】键开始下一步。

选择标准测量方式时,系统显示进入如图 2A-48 所示的工作界面。

**图 2A-47　智能信号测试仪交流电压测量设置界面**

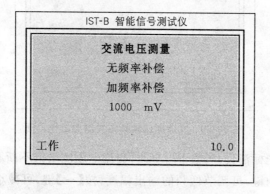

**图 2A-48　交流电压标准方式测量工作界面**

工作状态下光标消失,参数不可更改,交流电压测量值不断刷新。仅在工作状态时,按左、右方向键,可调节低频的输出幅度,按【←】键,可减小幅度;按【→】键,可增加幅度。

选择精确测量方式时,系统显示进入如图 2A-49 所示的设置界面。

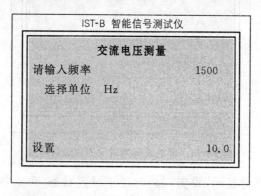

**图 2A-49　交流电压精确方式测量设置界面**

按上、下方向键,可移动光标,选择参数项。当光标处于"请输入频率"参数项时,可用数字键输入数值,【清零】键可将其清为零;当光标处于"选择单位"参数项时,用左、右方向键可选择单位:Hz,kHz,MHz。

输入待测信号的频率(请设置正确值),以便进行频率补偿,增加测量精度。设置好后,按【确认】键,系统将按设置的参数开始工作,并显示如图 2A-50 所示的工作界面。

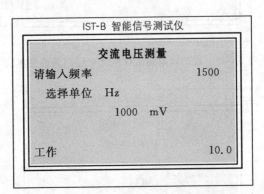

**图 2A-50 交流电压精确方式测量工作界面**

工作状态下光标消失,参数不可更改,交流电压测量值不断刷新。仅在工作状态时,按左、右方向键,可调节低频的输出幅度,按【←】键,可减小幅度;按【→】键,可增加幅度。

**16) 方波**

进入该功能后屏幕显示如图 2A-51 所示的设置界面。

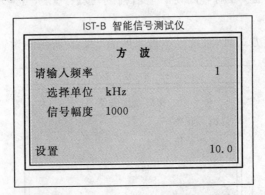

**图 2A-51 智能信号测试仪方波设置界面**

光标闪烁,左下角显示"设置",此时处于设置状态,可对各项参数进行编辑。按上、下方向键,可移动光标,选择参数项。当光标处于"请输入频率"参数项时,可用数字键输入数值,【清零】键可将其清零;当光标处于"选择单位"参数项时,用左、右方向键可循环选择单位:Hz,kHz,MHz;当光标处于"信号幅度"参数项时,可用数字键输入数值,【清零】键可将其清零,方波幅度为 0~10 000 mV 挡。

设置好各项参数后,按【确认】键,设置状态改为工作状态,光标消失,此时参数不可更改,系统按设置好的参数开始工作,低频输出端口输出设定的方波信号。在工作状态时,按左、右方向键可调整输出信号的幅度,并跟踪显示幅值,按【←】键,可减小幅度;按【→】键,可增加幅度。

**17) 直流输出**

禁止将直流电源输出端长时间短路和短路启动。

进入该功能后屏幕显示如图 2A-52 所示的界面。

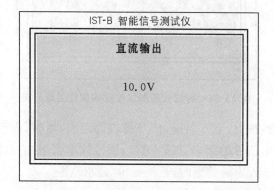

**图 2A-52　智能信号测试仪直流输出功能界面**

本机提供 4 组独立电源:+5 V(3 A),−5 V(1 A),−12 V(1 A),+E:0~12 V(可调)(1 A),此功能可对 0~12 V 可调电源进行不间断监测。

**18) 频率键控**

进入频率键控功能后,屏幕显示如图 2A-53 所示的界面。

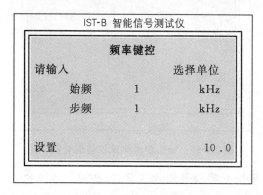

**图 2A-53　智能信号测试仪频响键控设置界面**

光标闪烁,左下角显示"设置",此时处于设置状态,可对各项参数进行编辑。按上、下方向键,可移动光标,选择参数项。当光标处于"始频""步频"参数项时,可用数字键输入数值,【清零】键可将其清零;当光标处于"选择单位"参数项时,用左、右方向键可选择单位:Hz,kHz,MHz。

设置好各项参数后,按【确认】键,进入如图 2A-54 所示的工作界面。

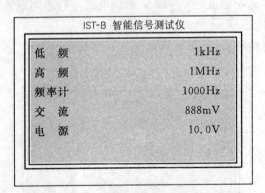

图 2A-54　智能信号测试仪频响键控工作界面

在工作状态中,按上、下方向键,信号源以设定的"始频"为起点、以设定的"步频"为步长改变输出信号的频率,按【↑】键,信号频率将增加,按【↓】键,信号频率将降低,但频率低于设定的始频时,系统提示"超出范围"。

按【取消】键将进入设置状态。

**19）查询**

进入该功能后,将显示如图 2A-55 所示的界面。

图 2A-55　智能信号测试仪查询功能界面

此功能同屏显示出低频信号源的频率值,高频信号源的频率值,最近一次测量到的频率值、交流电压值,以及可调电源的监测值。按【取消】键进入功能选择界面。

**20）伪随机序列**

进入该功能后，系统显示如图 2A-56 所示界面。

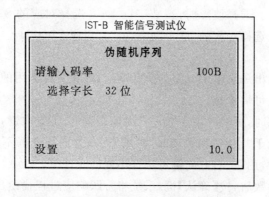

图 2A-56　智能信号测试仪伪随机序列界面

光标闪烁，左下角显示"设置"，此时处于设置状态，可对各项参数进行编辑。按上、下方向键，可移动光标，选择参数项。当光标处于"请输入码率"参数项时，可用数字键输入数值，【清零】键可将其清零；当光标处于"选择字长"参数项时，用左、右方向键可选择字长：32 位、64 位。

设置好各项参数后，按【确认】键，设置状态改为工作状态，光标消失，参数不可更改，系统按设置好的参数开始工作，低频输出端口输出设定的伪随机序列。

**21）综合测量**

进入综合测量功能后，显示如图 2A-57 所示界面。

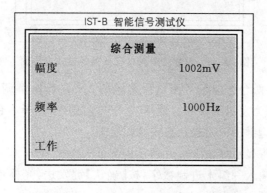

图 2A-57　智能信号测试仪综合测量功能界面

该功能可以同时测量输入信号的幅度和频率。本功能无须设置任何参数，系统直接进入工作状态，频率测量的闸门时间为 1 s，电压测量以频率测量值作频率补偿进行精确测量。按【取消】键就进入功能选择界面。

**22）特殊信号**

该功能可以产生锯齿、反锯齿、升余弦、梯形波等 8 种特殊波形,波形的种类和频率可以按键选择。选择波形时,按数字键 1～8 选择对应的 8 种波形;选择频率时,按数字键 0～9 选择对应的 10 个频率点,"0"对应 1 000 Hz。

**23）模拟训练**

该功能可模拟出一阶电子电路的阶跃响应,内含 4 种常用的一阶电路模型,每种电路有 4 种参数可供选择。

处于设置状态时,可对各项参数进行编辑。按上、下方向键,可移动光标,选择参数项。当光标处于"电路"参数项时,可用左、右方向键选择不同电路;当光标处于"元件"参数项时,用左、右方向键可选择不同的元件值。

设置好各项参数后,按【确认】键,系统将阶跃响应过程描绘出来,移动左、右方向键,可读出时域响应值,按【取消】键进入设置状态。

**24）数据通信**

进入数据通信功能后,显示如图 2A-58 所示设置界面。

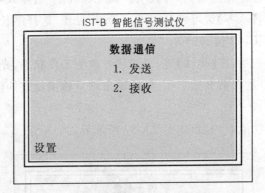

**图 2A-58　智能信号测试仪数据通信功能界面**

该功能实现在两台智能信号测试仪之间的 2FSK 调制解调通信,每台仪器都可以选择工作状态为发送或接收。使用上、下方向键,可选择本台仪器作为发送端或接收端,按【确认】键进入发送状态或接收状态。

发送时,屏幕将显示如图 2A-59 所示的界面。

光标闪烁,可输入一组十进制数字,按【确认】键发送,光标停止,发送完毕,光标重新闪烁,等待下一次发送。

接收时,屏幕将显示如图 2A-60 所示的界面。

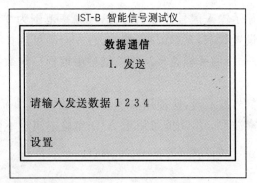

图 2A-59　数据通信功能发送数据设置界面

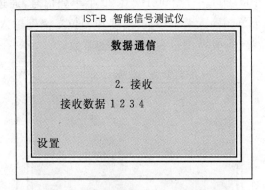

图 2A-60　数据通信功能接收数据设置界面

数据通信过程中,接收端的智能信号测试仪一直处于接收状态,收到正确的信息后将刷新显示。

**25) 信号采样**

进入信号采样功能后,屏幕上显示如图 2A-61 所示的设置界面。

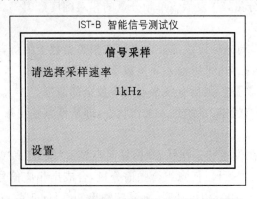

图 2A-61　智能信号测试仪信号采样功能界面

该功能可静态显示输入信号波形,输入信号频率范围为 0~5 kHz,多种采样速率可供选择。在设置状态,光标闪烁,按左、右方向键可选择 12 种采样速率,按【确认】键后,系统按选择的采样速率从输入信号中取样一组数据并在屏幕上显示出来。

用于显示输入信号波形时,应使用高于输入信号频率 10 倍以上的采样速率,以便能够直观地观察波形。本功能可用于 A/D 实验中演示不同采样速率的采样结果。

**26) 信号合成**

进入信号合成功能后,屏幕显示如图 2A-62 所示的界面。

本功能可以由 100,200,…,2 000 Hz 共 20 个单频信号,通过加权组合生成所需的合成信号。每个单频输入两个参数:幅度和相位。幅度输入值范围为 0~100 的整数,相位输入角度值,其范围也为 0~100 的整数。

**图 2A-62　智能信号测试仪信号合成功能界面**

屏幕上 F 代表 100 Hz,紧跟的 Φ 为其相位,例如:10F:50 Φ=45 中,10F 表示 1 000 Hz 单频正弦分量,50 表示该单频分量的相对幅度(50%),Φ=45 表示该单频分量的初相位为 45°。

按方向键,可移动光标设置参数。光标在相关参数上闪烁,按数字键可在光标处输入数值,输入数据时,可以输入 3 位数字,如 100,090,001,系统自动剔除数据前端的"0"。按【清零】键,则所有频率点的参数全部清零。

设置好后按【确认】键,系统进入工作状态,即从低频输出端口输出按设置的频谱合成的信号。

注意:当功能在设置和工作状态时,界面不显示"设置"和"工作"字样。

在此 20 个频点中,可以任意组合频谱分量,合成出相应信号。如:

① 在 9F 处输入 100,相位任意,则系统输出 900 Hz 正弦波信号;

② 按图 2A-62 中系统默认的数据设置,则输出 100 Hz 方波信号;

③ 按下列数据设置,则输出 100 Hz 三角波:

1F:100,$\Phi=0$;　　　3F:11,$\Phi=3$;　　　5F:4,$\Phi=6$;　　　7F:2,$\Phi=9$;

9F:1,$\Phi=12$;　　　11F:1,$\Phi=14$;　　　13F:1,$\Phi=17$。

④ 按下列数据设置,则输出载频为 1 900 Hz,调制频率为 100 Hz,调制度为 100% 的调幅波。

18F:50,$\Phi=0$;　　　19F:100,$\Phi=0$;　　　20F:50,$\Phi=0$。

## 5. 智能信号测试仪使用注意事项

① 本仪器必须严格按各功能的操作方法使用。

② 请确保机壳接到安全地。

③ 不得将 30 V 以上的电压加在输入探头和输出线上,否则将会损坏本仪器。

④ 本仪器所使用的大平面液晶显示屏幕需注意保护,禁止外力按压和碰撞。若液晶屏破损,请不要让身体接触到渗漏出来的液晶,如有接触,请尽快用水将接触部位冲洗干净。

⑤ 使用过程中应禁止砸、摔、甩输入探头,以免损坏内部电路。

⑥ 本仪器提供的输出电源带有短路保护,但不允许长时间短路和短路启动,否则将损坏输出电源。

# 单元三

【信号与系统实验教程】

# 信号系统实验箱的使用

## 1. SST-TG301 型信号系统实验箱

SST-TG301 型信号系统实验箱如图 2A-63 所示。

**图 2A-63　SST-TG301 型信号系统实验箱**

　　SST-TG301 型信号系统实验箱为信号系统实验配置了较为全面的实验电路，主要包括无源与有源滤波器：Lowpass(1)，Lowpass(2)，Highpass(1)，Highpass(2)，Bandpass(1)，Bandpass(2)；串联谐振网络 Tuning(1)；并联谐振网络 Tuning(2)；基本运算单元；一阶模拟系统 First Order(2)，二阶模拟系统 Second Order(2)以及信号采样与恢复单元 Signal Sampling Unit。

　　多种有源、无源滤波器可以级联使用。

　　实验箱上有源电路的电源通过一个三芯插座与外电源相连，其中红线接正电源 V＋，蓝线接负电源 V－，中间的黑线接地线 Gnd，电源 V＋和 V－分别为＋12 V 与－12 V。如果电源正常，红、绿两发光二极管应正常发光，否则应该检查原因。电路板上设有一组＋5 V 电源输出端,既可供做实验项目用,也可在实验系统工作不正常时做检查用。

SST-TG301 型信号系统实验箱面板如图 2A-64 所示。

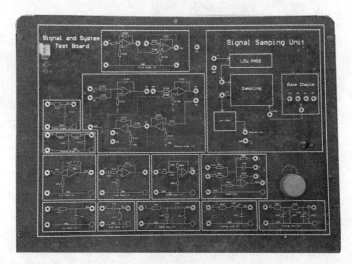

图 2A-64　SST-TG301 型信号系统实验箱面板图

## 2. NTG-202 型电路、信号与系统实验箱

NTG-202 型电路、信号与系统实验箱为电路、信号与系统课程的实验配置了较为全面的实验电路,主要包括无源滤波器和有源滤波器、串联谐振网络、并联谐振网络、基本运算单元、连续时间系统模拟以及信号采样与恢复单元。多种有源和无源滤波器可级联使用。

实验箱上有源电路的电源通过一个三芯插座与外部稳压电源相连。基本电源电压分别为＋12 V 和－12 V。

实验箱上装有电源指示灯,若电源正常,则红、绿两发光二极管应正常发光,即指示灯亮,否则应检查电源出现问题的原因。

NTG-202 型电路、信号与系统实验箱及面板分别如图 2A-65 和 2A-66 所示。

如未购买相关信号系统实验箱,可根据图 2A-64 或 2A-66 所示单元电路进行连接,选取合适的元器件参数进行实验操作。

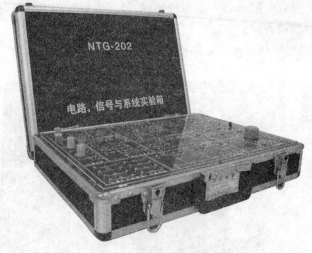

图 2A-65  NTG-202 型电路、信号与系统实验箱

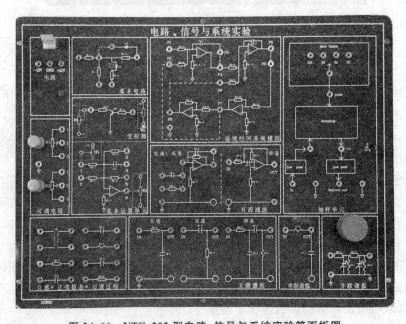

图 2A-66  NTG-202 型电路、信号与系统实验箱面板图

# 单元四

【信号与系统实验教程】

# 数字信号处理实验设备和环境

## 1. 数字信号处理实验箱简介

NTG-201 型数字信号处理实验箱如图 2A-67 所示。

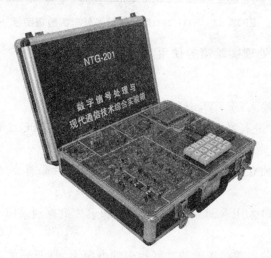

**图 2A-67　NTG-201 型数字信号处理实验箱**

NTG-201 型数字信号处理实验箱与 IST-B 智能信号测试仪配套使用,可完成数字信号处理课程的相关实验。本实验箱既可使用电路板上的键盘控制完成,也可通过计算机控制完成,所有的实验内容均通过设计 DSP 算法来数字实现。

NTG-201 型数字信号处理实验箱采用双面印刷电路板,各部分的电路元器件焊接在正面,需要连接的部分备有短接片,需要测量及观察的部分设置了测试点,使用直观、可靠;维修方便、简捷,其面板如图 2A-68 所示。

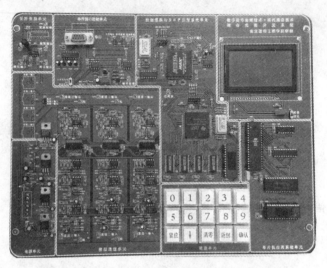

图 2A-68　NTG-201 型数字信号处理实验箱面板

## 2. 数字信号处理实验箱的使用

### 1) 技术性能

① 直流电源输入：+5 V，+12 V，−12 V。

② 采用 DSP 进行数据处理，DSP 芯片采用 TMS320C32 浮点芯片，处理精度高。

③ 具有三路独立的模拟通道，模数/数模转换芯片采样率为 10 kHz，16 位量化编码。

④ 计算机接口采用 RS232 接口，计算机和单片机控制采用 RS485 总线。

### 2) 使用方法

① 将实验箱的电源线正确地接到相应的电源上，打开开关，电源指示灯亮，表示实验箱主电源、输入正确。

② 如果使用键盘控制，将实验箱印制板串口控制电路部分的（键盘控制/计算机控制）拨段开关拨至"键盘控制"处；如果使用计算机软件控制，则将拨段开关拨至"计算机控制"处，且保证计算机与实验箱通过串口电缆连接好。

③ 液晶屏幕可显示相应的操作，在晚间使用时可通过其下方的选择键选择背光方式，这主要是为了便于观察。

④ 通过短连线将三路模拟通道连接正常，否则用示波器可能观察不到所需的波形。

⑤ 实验时先阅读实验指导书，在接通主电源前先仔细查看电源线连接是否正常。

**3）维护及故障排除**

① 维护：应防止撞击跌落；用完后拔下电源插头并盖好机箱，防止灰尘、杂物进入机箱；做完实验后将面板上的插件及连线全部整理好；防止液晶破碎，假如液晶破损，应防止其中液体接触皮肤。

② 故障排除：若实验板上的红、绿、黄 3 个发光二极管不能正常发光，说明电源不正常或指示灯损坏，应检查原因；若液晶屏显示不正常，可按键盘上的复位键将系统复位，使液晶屏显示恢复正常。

### 3. 数字信号处理实验软件环境

将数字信号处理实验箱与计算机通过串口线相连，打开实验箱电源并指示正常，开启计算机电源，运行数字信号处理实验软件（可双击实验软件图标），系统将进入如图 2A-69 所示的操作界面，选择相应的菜单并确认，即可进入实验界面。

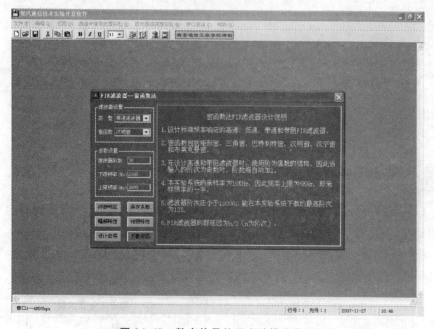

**图 2A-69　数字信号处理实验操作界面**

# Ｂ 信号与线性系统实验

## 实验一

【信号与系统实验教程】

# 仪器使用及信号的观察与测试

 **实验目的**

（1）熟悉 IST-B 智能信号测试仪的功能及其使用方法。

（2）熟悉数字存储示波器的使用。

（3）熟悉信号系统实验箱或电路、信号与系统实验箱的组成和使用。

（4）掌握电信号的时域观察方法与参数测量方法。

 **实验任务和步骤**

（1）根据上文中有关智能信号测试仪、数字存储示波器、信号与系统实验箱的使用说明，熟悉各仪器设备的组成、功能及其使用方法。

（2）用信号发生器或 IST-B 智能信号测试仪低频信号功能（功能 01），如图 2B-1 所示，输出参数为 1 kHz，1 000 mV 的正弦波。

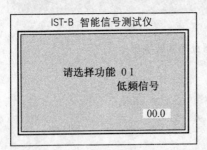
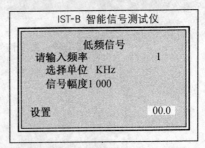

**图 2B-1 IST-B 智能信号测试仪低频信号功能**

用数字存储示波器观察信号波形,读取相关参数,如图 2B-2 所示。

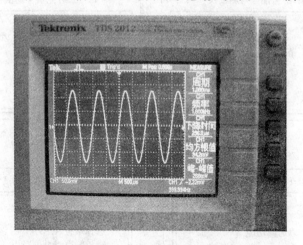

**图 2B-2　数字存储示波器显示信号波形及其参数**

用 IST-B 智能信号测试仪的电压测量功能(功能 15)测其输出有效值,如图 2B-3 所示。当频率大于 15 MHz 时,用频率补偿。

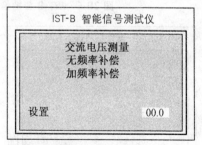

**图 2B-3　IST-B 智能信号测试仪电压测量功能**

(3)调节信号源幅度,使 IST-B 智能信号测试仪电压测量指示为 2 000 mV,观察其在示波器上的幅度。

(4)用 IST-B 智能信号测试仪测量信号频率(功能 11),如图 2B-4 所示。信号幅度选择"小",闸门时间选择"1 s"。

(5)选择 IST-B 智能信号测试仪功能 16,信号源输出为方波,如图 2B-5 所示,重复上述实验过程,并记录相关数据。

(6)选择 IST-B 智能信号测试仪功能 05,信号源输出为三角波,如图 2B-6 所示,重复上述实验过程,并记录相关数据。

(7)选择 IST-B 智能信号测试仪功能 10,信号源输出为脉宽波,如图 2B-7 所示,设定不同的脉宽比(2∶1 和 3∶1),重复上述实验过程,并记录相关数据。

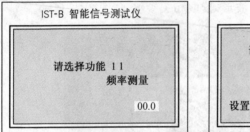

图 2B-4　IST-B 智能信号测试仪频率测量功能

图 2B-5　IST-B 智能信号测试仪方波信号功能

图 2B-6　IST-B 智能信号测试仪三角波信号功能

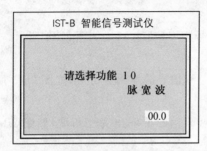

图 2B-7　IST-B 智能信号测试仪脉宽波信号功能

(8) 选择低频信号功能(功能 01),确认后,选择频率键控功能(功能 18),如图 2B-8 所示,按下述相关参数设定,进行实验。

参数:始频为 1 kHz,步频为 5 kHz,按【↑】键,观察并记录波形变化。

参数:始频为 10 kHz,步频为 1 kHz,按【↓】键,观察并记录波形变化。

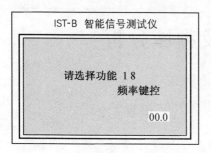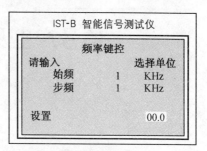

图 2B-8　IST-B 智能信号测试仪频率键控功能

**实验仪器设备**

(1) IST-B 智能信号测试仪或函数信号发生器。

(2) TDS210 或 TDS2012 型数字存储示波器(也可用其他示波器)。

(3) 信号系统实验箱或电路、信号与系统实验箱。

**实验报告要求**

(1) 绘出各实验任务中的信号波形,标明频率与幅度。

(2) 记录"实验任务和步骤"(7)中的波形变化,分别绘出 3 个波形。

**思考题**

(1) 从理论上分析,示波器与电压表的输入阻抗,哪一个对测量精度影响更大?

(2) 选择 IST-B 智能信号测试仪的频率键控功能,其输出信号的波形取决于什么?

**注意事项**

实验过程中必须严格按照各仪器设备的操作规程和要求使用仪器设备。

107

**实验目的**

(1) 巩固相关理论知识,掌握典型信号发生器的设计方法。

(2) 加深对信号频谱的理解,掌握信号频谱及其测量方法。

 **实验原理**

### 1. 周期性矩形脉冲信号发生器的设计

典型的周期性矩形脉冲信号发生器可利用 555 定时器构成多谐振荡器来实现,其原理如图 2B-9 所示。

#### 1) 电路工作过程

因电路没有稳定状态,可从电路接通电源时开始分析。设接通电源前,电容电压 $u_C = 0$ V,电源接通后,由于 $u_C$ 不能突变,$\overline{TR}$ 端的电压小于 $V_{DD}/3$,输出电压 $u_o$ 为高电平,555 定时器内部开关管截止,电源 $V_{DD}$ 通过电阻充电回路向电容 $C$ 充电,使 $u_C$ 按指数规律上升,即 $TH$ 和 $\overline{TR}$ 端电压按相同的规律上升,直到 $u_C$ 达到 $2V_{DD}/3$ 时为止;如图 2B-10 电容 $C$ 充放电曲线中的 $0 \sim t_1$ 段所示。

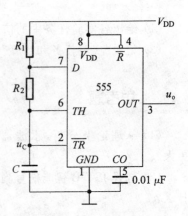

**图 2B-9 555 定时器构成多谐振荡器产生脉冲信号原理图**

　　当 $u_C$ 上升到等于或略大于 $2V_{DD}/3$ 时,由于 $TH$ 端电压略大于 $2V_{DD}/3$, $\overline{TR}$ 端电压大于 $V_{DD}/3$,根据 555 定时器的功能表可知, $u_o$ 变为低电平,内部开关管导通,电容 $C$ 经电阻 $R_2$ 和内部开关管放电, $u_C$ 按指数规律下降,即 $TH$ 和 $\overline{TR}$ 端的电压按相同规律下降,直到 $u_C$ 降到 $V_{DD}/3$ 为止,这是一个暂稳态。

　　当 $u_C$ 等于或略小于 $V_{DD}/3$ 时,由于 $\overline{TR}$ 端的电压略小于 $V_{DD}/3$, $u_o$ 又翻转为高电平,内部开关管截止,电容 $C$ 又被充电, $u_C$ 再次按指数规律上升,这是另一个暂稳态。

　　如此周而复始,循环不已,形成两个暂稳态之间有规律的相互切换,在输出端便得到持续不断的周期性矩形波振荡信号。电容 $C$ 的充放电曲线 $u_C$ 及产生的矩形波振荡信号 $u_o$ 如图 2B-10 所示。

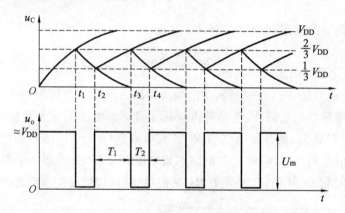

图 2B-10　多谐振荡器电容充放电曲线及输出波形

### 2) 参数计算

　　由以上分析可知,输出矩形波高、低电平的持续时间 $T_1$, $T_2$ 分别等于两个暂稳态的维持时间,而暂稳态的维持时间又与充、放电时间常数和 $TH$, $\overline{TR}$ 端的触发电压 $u_C$ 有关,故可用一阶 $RC$ 电路过渡过程的三要素公式,来计算振荡脉冲信号的参数。

　　(1) 充电时间 $T_1$

　　在多谐振荡器的充电过程中, $u_C$ 的初始值、终了值和充电时间常数分别为 $u_C(0)=V_{DD}/3$, $u_C(\infty)=V_{DD}$ 和 $\tau_{充}=(R_1+R_2)C$。

　　当 $t=T_1$ 时, $u_C(T_1)=2V_{DD}/3$。将 $u_C(0)$, $u_C(\infty)$, $\tau_{充}$ 和 $u_C(T_1)$ 代入三要素公式,经整理后得到

$$T_1=\tau_{充}\ln\frac{u_C(\infty)-u_C(0)}{u_C(\infty)-u_C(T_1)}=\tau_{充}\ln\frac{V_{DD}-V_{DD}/3}{V_{DD}-2V_{DD}/3}=(R_1+R_2)C\ln 2 \quad (2\text{-}1)$$

　　(2) 放电时间 $T_2$

　　设 $t_3$ 为计时起点,同理,根据 $u_C$ 波形可知,放电过程中 $u_C$ 的初始值和终了值

分别为 $u_C(0)=2V_{DD}/3$，$u_C(\infty)=0$ V，放电时间常数为 $\tau_{\text{放}}\approx R_2 C$。

当 $t=T_2$ 时（对应于图 2B-10 中的 $t_3\sim t_4$ 段），$u_C(T_2)=V_{DD}/3$，将 $u_C(0)$，$u_C(\infty)$，$\tau_{\text{放}}$ 和 $u_C(T_2)$ 代入三要素公式后可得

$$T_2=\tau_{\text{放}}\ \ln\frac{0-2V_{DD}/3}{0-V_{DD}/3}=R_2 C\ln 2 \tag{2-2}$$

于是，多谐振荡器输出脉冲信号的周期为

$$T=T_1+T_2\approx(R_1+R_2)C\ln 2+R_2 C\ln 2\approx 0.7(R_1+2R_2)C \tag{2-3}$$

因此，多谐振荡器的振荡频率 $f=1/T$。其输出矩形脉冲的占空比为

$$q=\frac{T_1}{T}=\frac{(R_1+R_2)}{(R_1+2R_2)} \tag{2-4}$$

多谐振荡器的输出脉冲幅度为

$$U_m\approx V_{DD}-0\approx V_{DD} \tag{2-5}$$

**3）占空比可调的多谐振荡器**

由式(2-4)可见，图 2B-9 所示多谐振荡器的占空比 $q$ 是固定不变的。为了提高多谐振荡器的使用灵活性，应使其占空比 $q$ 可调。由于上述多谐振荡器的 $q$ 值与充、放电电阻有关，而且放电电阻 $R_2$ 是充电电阻 $(R_1+R_2)$ 的一部分。因此，若利用二极管的单向导电性，将充电电路和放电电路分开，并添加一个电位器（电阻值为 $R_W$），如图 2B-11 所示，则调节 $R_W$ 的阻值，便可达到改变占空比的目的。

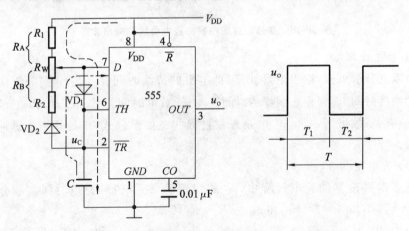

**图 2B-11　占空比可调的多谐振荡器脉冲信号原理图**

在图 2B-11 电路中，充电回路和放电回路分别如下。

充电回路：$V_{DD}\rightarrow R_A\rightarrow VD_1\rightarrow C\rightarrow$ 地（二极管 $VD_1$ 导通，$VD_2$ 和 555 内 V 管截止）。

放电回路：$C\rightarrow VD_2\rightarrow R_B\rightarrow$ V（NMOS 管）$\rightarrow$ 地（$VD_2$ 和 V 管导通，$VD_1$ 截止）。

由于 $\tau_{充}\approx R_A C,\tau_{放}\approx R_B C$(设二极管理想,并忽略 V 管的导通压降),所以对应的高电平和低电平维持时间分别为 $T_1\approx R_A C\ln 2,T_2\approx R_B C\ln 2$。该多谐振荡器的振荡周期为

$$T=T_1+T_2=(R_A+R_B)C\ln 2 \tag{2-6}$$

故其占空比为

$$q=\frac{T_1}{T}=\frac{R_A C\ln 2}{(R_A+R_B)C\ln 2}=\frac{R_A}{(R_A+R_B)} \tag{2-7}$$

由式(2-7)可见,当调节 $R_W$ 时,便改变了 $R_A$ 和 $R_B$ 的比值,同时也就改变了占空比 $q$。

### 2. 周期信号的频谱

#### 1) 方波的频谱

周期信号的频谱是以基频为间隔的离散谱线。方波是典型的周期函数,其函数表达式为

$$f(t)=\begin{cases}E, & 0<t<\dfrac{T}{2}\\[2mm]-E, & \dfrac{T}{2}<t<T\end{cases} \tag{2-8}$$

将方波信号按傅里叶级数展开可得

$$f(t)=\frac{4E}{\pi}\left\{\sin(\Omega t)+\frac{1}{3}\sin(3\Omega t)+\frac{1}{5}\sin(5\Omega t)+\cdots+\frac{1}{2n-1}\sin\left[(2n-1)\Omega t\right]+\cdots\right\}$$

$$\tag{2-9}$$

根据式(2-9)可知,方波信号的频谱特点为:只含奇次的谐波分量,根据谱线的幅度可得谱线的收敛规律为 $1/n$。图 2B-12 为方波的振幅频谱图,可见,随着谐波次数的增加,幅度逐渐下降,基波幅度 $A_1=\dfrac{4E}{\pi}$,$n$ 次谐波幅度为 $A_n=\dfrac{A_1}{n}$ ($n=1,3,5,\cdots$),即 $n$ 次谐波分量的幅度为基波分量的 $1/n$;方波只有奇次谐波。

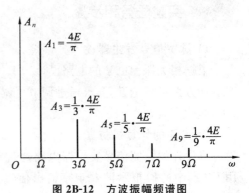

图 2B-12　方波振幅频谱图

#### 2) 周期性脉宽波的频谱

对于幅度为 $E$、周期为 $T$、宽度为 $\tau$ 的矩形脉冲,其 $n$ 次谐波的幅度 $A_n$ 如式(2-10)所示,其频谱如图 2B-13 所示。

$$A_n = \frac{2E\tau}{T} \left| \frac{\sin(n\pi\tau/T)}{n\pi\tau/T} \right| \tag{2-10}$$

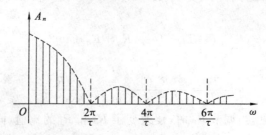

图 2B-13　周期性脉宽波频谱图

由图 2B-13 可知：

① 频谱包络线的零点为 $\frac{2n\pi}{\tau}$，$\tau$ 越小，零点频率越高，当 $\tau = \frac{T}{2}$ 时，即为方波。

② 谱线间隔 $\frac{2\pi}{T}$，其仅取决于周期 $T$。

③ 当 $\tau \neq \frac{T}{2}$ 时，频谱不仅有奇次谐波，也有偶次谐波。只要分别测量出信号各次谐波的幅度和频率，就可画出信号的频谱图。

显然，用一般电压表或用示波器是无法测量的，原因在于它们无法把各次谐波区分开来。用选频电压表或波形分析仪对各谐波幅度进行测量，就可以获得信号频谱，也可用频谱仪直接在荧光屏上显示出信号频谱。

 ## 实验任务和步骤

### 1）脉宽信号发生器设计

根据相关课程已学的电路设计知识，并设计占空比可调的脉宽信号发生器，并对设计方案进行论证，要求通过调节可调器件，可产生方波及占空比分别为 2∶1，3∶1 的脉宽波。

### 2）电路的计算机仿真

将设计的脉宽信号发生器电路通过计算机及相关仿真软件 EWB 进行仿真，用 EWB 中的模拟示波器观察输出信号，并读取相关参数，检查是否符合设计要求。通过各器件的参数设置和调节，要求能产生符合占空比要求的脉宽信号，通过仿真完善电路的设计。

仿真电路及示波器显示如图 2B-14 所示。

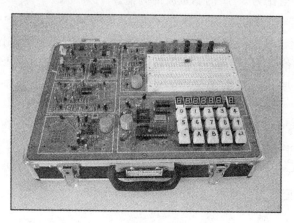

图 2B-14　脉宽信号发生器的计算机仿真

### 3）搭试脉宽信号发生电路，产生信号

根据计算机模拟仿真的结果，完善电路设计后，在实验箱上进行电路搭试，产生所需信号，并用示波器观察信号波形，测量相关参数。实验箱如图 2B-15 所示。

图 2B-15　搭试电路实验箱面板图

### 4）进行信号的频谱分析

（1）测量方波的频谱。

调节脉宽信号发生器电路中的电位器，使其输出方波（也可由智能信号测试仪的功能 16 或函数信号发生器产生），加至示波器与 IST-B 智能信号测试仪的输入探头,观察产生的方波信号,并进行频谱分析,选定 IST-B 智能信号测试仪的频谱分析功能(功能 12),如图 2B-16 所示。分别设定信号频率范围小于 500 Hz 和大于 500 Hz,观察谱线并记录相关参数。

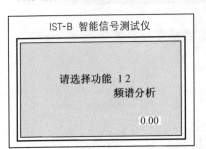

**图 2B-16　信号的频谱分析**

(2) 测量占空比为 2∶1 的脉宽波的频谱。

调节脉宽信号发生器电路中的电位器,使其输出占空比为 2∶1 的脉宽波(也可由智能信号测试仪的功能 10 产生),选定 IST-B 智能信号测试仪的频谱分析功能(功能 12),将信号加至示波器与 IST-B 智能信号测试仪的输入探头,观察脉宽信号,并进行频谱分析,观察谱线并记录相关参数。注意:设置频率范围时选"小于 500 Hz"。

(3) 测量占空比为 3∶1 的脉宽波的频谱。

调节脉宽信号发生器电路中的电位器,使其输出占空比为 3∶1 的脉宽波(也可由智能信号测试仪的功能 10 产生),选定 IST-B 智能信号测试仪的频谱分析功能(功能 12),将信号加至示波器与 IST-B 智能信号测试仪的输入探头,观察脉宽信号,并进行频谱分析,观察谱线并记录相关参数。注意:设置频率范围时选"小于 500 Hz"。

(4) 选定 IST-B 智能信号测试仪的功能 05 输出 1 kHz 的三角波,进行频谱分析,观察谱线并记录相关参数,信号频率范围大于 500 Hz。

(5) 选定 IST-B 智能信号测试仪的功能 01 输出 1 kHz 的正弦波,进行频谱分析,观察谱线并记录相关参数,信号频率范围大于 500 Hz。

**5) 记录**

记录各被测信号的相关参数,记录频谱图,记录各谱线的相关参数。

**6) 分析**

对所测量和记录的数据进行分析。

**实验仪器设备**

（1）IST-B 智能信号测试仪或函数信号发生器。

（2）TDS210 或 TDS2012 数字存储示波器（或其他示波器）。

（3）计算机及 EWB 仿真软件。

（4）信号系统实验箱或电路、信号与系统实验箱。

 **实验报告要求**

（1）对脉宽信号发生器的原理进行说明、论证，对相关参数进行计算。

（2）绘出方波信号的频谱图，并标注各谱线的频率和幅度等相关参数。

（3）绘出占空比为 2∶1 的脉宽波的谱线图，并标注各谱线的频率和幅度等相关参数，注意幅度为零的谱线标注。

（4）绘出占空比为 3∶1 的脉宽波的谱线图，并标注各谱线的频率和幅度等相关参数，注意幅度为零的谱线标注。

（5）绘出三角波的谱线图，并标注各谱线的频率和幅度等相关参数。

（6）绘出正弦波的谱线图，并标注各谱线的频率和幅度等相关参数。

 **思考题**

（1）当方波通过一个低通滤波器后，其频谱发生了什么变化，为什么？

（2）如何设计三角波信号发生器？设计原理图，进行论证说明和必要的计算。

# 实 验 三

【信号与系统实验教程】

# 信号合成

## 实验目的

(1) 学习并掌握信号合成的方法。

(2) 从另一个角度加深对信号频谱的理解,了解按确定频谱产生信号的原理。

## 实验原理

　　一个确知的信号,通过频谱分析的方法,能够求得其在频域的频谱分布;反过来,如果已知一个信号在频域的频谱结构,一定有一个确定的时间域上的信号与其相对应,信号合成就是这样的一种技术。

　　IST-B智能信号测试仪的信号合成功能就是按这种要求设计的,界面如图2B-17所示。

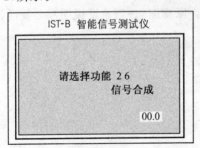

**图 2B-17　IST-B 智能信号测试仪信号合成功能界面**

## 实验任务和步骤

　　(1) 选择智能信号测试仪的信号合成功能(功能26),进入设置界面,选定单频谱 10F,幅度为 100,其余频率点上的参数全部清零,按【确认】键,用示波器观察低频信号输出端的输出波形,并测算其频率。注意:按【清零】键将使所有参数清零;此功能不显示"设置"和"工作"字样。

(2) 进入信号合成功能设置界面,选定按 $1/n$ 规律收敛的一组数据(系统默认设置)如表 2-1 所示,观察并测量其输出的波形。

(3) 进入信号合成功能设置界面,选定按 $1/n^2$ 规律收敛的一组数据(系统默认设置)如表 2-1 所示,观察智能信号测试仪低频输出端的输出波形并测量相关参数。

(4) 进入信号合成功能设置界面,清除所有参数,设置 17F$=$50,18F$=$100,19F$=$50,初相位均设为 0,观察并测量智能信号测试仪低频输出端的输出波形。注意示波器相关旋钮的调节,否则将无法观察到完整信号波形。

表 2-1　按 $1/n$ 和 $1/n^2$ 的规律收敛的信号合成数据

| 收敛规律 | 频率点 | 幅度/% | 初相 $\Phi/(°)$ | 收敛规律 | 频率点 | 幅度/% | 初相 $\Phi/(°)$ |
|---|---|---|---|---|---|---|---|
| $1/n$ | 1F | 100 | 89 | $1/n^2$ | 1F | 100 | 0 |
| | 3F | 33 | 88 | | 3F | 11 | 3 |
| | 5F | 20 | 87 | | 5F | 4 | 6 |
| | 7F | 14 | 87 | | 7F | 2 | 9 |
| | 9F | 11 | 86 | | 9F | 1 | 12 |
| | 11F | 9 | 85 | | 11F | 1 | 14 |
| | 13F | 8 | 84 | | 13F | 1 | 17 |
| | 15F | 7 | 84 | | 15F | | |
| | 17F | 6 | 83 | | 17F | | |
| | 19F | 5 | 82 | | 19F | | |

(5) 若要合成 200 Hz 或 300 Hz 的三角波,应在哪些频率点设置什么样的参数? 用示波器观察合成的信号,修改完善所设参数。

## 实验仪器设备

(1) IST-B 智能信号测试仪或函数信号发生器。

(2) TDS210 或 TDS2012 数字存储示波器。

**实验报告要求**

（1）分别绘出各实验任务中的合成信号的波形，标明信号幅度与频率。

（2）确定"实验任务和步骤"（5）中设置的参数值。

 **思考题**

（1）用智能信号测试仪信号合成功能按如下参数合成信号：$18F=50$，$19F=100$，$20F=50$，分析信号波形。

（2）用智能信号测试仪信号合成功能按如下参数合成信号：$18F=50$，$20F=50$，分析信号波形。

（3）比较上述两种合成信号的波形有何差异，并分析其原因。

（4）若要合成频率为"实验任务和步骤"（2）中的信号频率 3 倍的信号，应如何进行设置？

# 实验四

【信号与系统实验教程】

# 滤波器及其频率特性

## 实验目的

（1）通过对各种无源与有源滤波器的测试与观察，加深对滤波概念的理解。

（2）了解信号频谱与信号波形的关系。

## 实验原理

根据传输电信号的特性，可将滤波器分为低通、高通、带通和带阻 4 种形式。

由信号分析理论可知，图 2B-18 所示的方波信号可以展开为傅里叶级数，如式（2-11）所示。

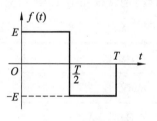

图 2B-18　方波信号

$$f(t) = \frac{4E}{\pi}\left\{\sin(\Omega t) + \frac{1}{3}\sin(3\Omega t) + \frac{1}{5}\sin(5\Omega t) + \right.$$

$$\left. \cdots + \frac{1}{2n-1}\sin\left[(2n-1)\Omega t\right] + \cdots\right\} \qquad (2\text{-}11)$$

如果有一个低通滤波器，其截止频率大于等于一次谐波频率而小于三次谐波频率，则方波通过低通滤波器后，输出将是与方波同频率的正弦波，因为各次谐波都被滤波器衰减了。同样如果该方波通过一个以三次谐波频率为中心的带通滤波器，则输出为方波三倍频率的正弦波。所以滤波器在电子工程上常用于滤除无用的频率分量，选取有用频率分量。

滤波器通常是由无源元件（如电阻、电容、电感等）组成的网络；另一类滤波器为有源滤波器，其特点是，与无源滤波器相比输入阻抗大、输出阻抗小，能在负载和信号间起隔离作用，同时滤波特性可以设计得较为理想。

## 实验任务和步骤

### 1) 测量低通滤波电路（Low pass）的幅频特性

选择智能信号测试仪的低频信号功能（功能 01），使其低频输出端的信号源为正弦波，设置信号幅度为 2 000 mV，加入低通滤波器的输入端，将低通滤波器输出端接至智能信号测试仪的信号输入探头，如图 2B-19 所示。

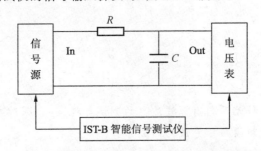

**图 2B-19　低通滤波器频响特性逐点测量法连接图**

选用逐点法测量，设置低频信号频率，以 100 Hz 为起点，每隔500 Hz取一个点，共取 20 个点，每改一次信号源频率（用功能 01 设置），测一次电压（IST-B 智能信号测试仪功能 15 或用交流毫伏表），记录数据于表 2-2，并绘制幅频特性曲线。

**表 2-2　逐点测量法测量低通滤波器的数据**

| $f$/Hz | | | | | | | |
|---|---|---|---|---|---|---|---|
| $u$/mV | | | | | | | |
| $f$/Hz | | | | | | | |
| $u$/mV | | | | | | | |

### 2) 测量幅频特性曲线

用扫频测量法测量低通、高通、带通、有源低通、有源高通、有源带通滤波器的幅频特性曲线。

选择 IST-B 智能信号测试仪的低频信号功能（功能 01），使其低频输出端的信号源为正弦波，设置信号幅度为 1 000 mV（Band pass信号幅度设为 200 mV），加入被测滤波网络的输入端。测量电路连接如图 2B-20 所示。

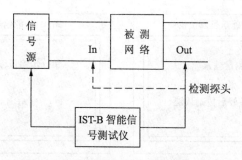

**图 2B-20　滤波器频响特性扫频测量法连接图**

选择 IST-B 智能信号测试仪频响测量功能(功能 13),确认后分别设置始频、步频、测量点数、时延等参数,如图 2B-21 所示。

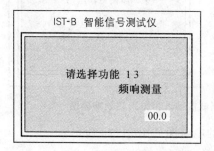

**图 2B-21　IST-B 智能信号测试仪频响测量功能**

根据表 2-3 中各滤波器的参数要求进行扫频参数设置。

**表 2-3　各滤波器的扫频参数设置**

| 滤波器类型 | 始频/Hz | 步频/Hz | 测量点数 | 时延/ms |
| --- | --- | --- | --- | --- |
| Low pass | 100 | 500 | 20 | 2 |
| High pass | 50 | 100 | 20 | 2 |
| Band pass | 500 | 500 | 20 | 2 |
| First order | 100 | 100 | 20 | 2 |
| Second order | 50 | 50 | 20 | 2 |

参数设置好后,按【确认】键,按照屏幕提示,分别将智能信号测试仪的信号输入探头接入被测滤波网络的输入端和输出端(注意输入信号始终接于滤波网络输入端),如图 2B-22 所示。

待所有点测试完成后,屏幕上显示被测滤波网络的频响特性曲线,记录相关数据。

| IST-B 智能信号测试仪 | IST-B 智能信号测试仪 |
| --- | --- |
| 第一步测量输入端<br><br>准备好后按确认键 | 第一步测量输入端<br><br>点数　2<br>请稍等　　　★ |
| IST-B 智能信号测试仪 | IST-B 智能信号测试仪 |
| 第二步测量输出端<br><br>准备好后按确认键 | 第二步测量输出端<br><br>点数　3<br>请稍等　　　★ |

图 2B-22　IST-B 智能信号测试仪输入和输出端频响测量

有源高通滤波器和有源低通滤波器的电路图如图 2B-23 所示。

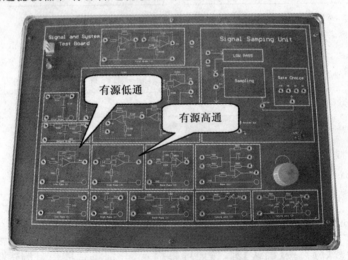

图 2B-23　有源高通和低通滤波器电路图

 ## 实验仪器设备

（1）IST-B 智能信号测试仪或函数信号发生器。

（2）TDS210 或 TDS2012 数字存储示波器（或其他示波器）。

（3）信号系统实验箱或电路、信号与系统实验箱（或相应的滤波电路）。

 **实验报告要求**

（1）绘出用逐点测量法测出的低通滤波器的幅频曲线图。

（2）绘出用扫频测量法测出的低通滤波器的幅频曲线图，并与（1）进行比较。

（3）分别绘出"实验任务和步骤"（2）中测得的高通、带通等滤波网络的幅频特性曲线图。

 **思考题**

（1）若将低通滤波器和高通滤波器相级联，其传输特性将是怎样的？为什么？

（2）若在有源带通滤波器输入端分别加上频率为 200 Hz 和 2 kHz 的方波，输出端波形将有什么变化？若加入频率为 2 kHz、幅度为 500 mV 的三角波，结果又将怎样？

123

# 实验五

{ 信号与系统实验教程 }

# 信号通过线性系统

## 实验目的

(1) 观察、研究脉冲信号和正弦调幅信号通过线性电路后发生的变化。

(2) 了解线性电路的频率特性对信号传输的影响。

## 实验原理

振幅按照调制信号的规律变化的高频振荡（载波）信号，称为调幅波。当正弦调制信号 $u_\Omega = E_\Omega \cos(\Omega t + \varphi_\Omega)$ 的角频率 $\Omega$ 小于高频振荡 $u(t) = A_0 \cos(\omega_c t + \varphi_c)$ 的角频率 $\omega_c$ 时，调制后的正弦调幅波的数学表达式为

$$e(t) = A_0[1 + E_\Omega \cos(\Omega t + \varphi_\Omega)]\cos(\omega_c t + \varphi_c) = A_0 \cos(\omega_c t + \varphi_c) +$$

$$\frac{A_0 E_\Omega}{2}\cos[(\omega_c + \Omega)t + (\varphi_c + \varphi_\Omega)] + \frac{A_0 E_\Omega}{2}\cos[(\omega_c - \Omega)t + (\varphi_c - \varphi_\Omega)] \quad (2\text{-}12)$$

由式(2-12)可见，正弦调制的调幅波是由 3 个不同频率的正弦波组合而成的，包括频率为 $\omega_c$ 的载频分量，频率为 $\omega_c + \Omega$ 的上边频分量，频率为 $\omega_c - \Omega$ 的下边频分量，频带宽度 $B = 2\Omega$。

在信号传输技术中，除了某些需要用电路进行波形变换的场合外，总是希望在传输过程中信号尽可能保持原样。电信号是由频率、幅度和相位各不相同的各次谐波分量所组成的，当电路中包含电容和电感元件时，由于它们对不同频率的正弦分量呈现的电抗和产生的相移不同，因而当信号通过线性系统后，将会因各频率分量的相对幅度和相位关系发生变化而引起失真。

因各频率分量的相对幅度发生变化而引起的失真称为"幅度失真"；因为各频率分量的相对位置变化而引起的失真称为"相位失真"。

信号通过线性电路不失真的条件为：

① 电路的幅频特性在整个频率范围内应为一常数,即电路应具有无限宽的响应均匀的通带。

② 电路的相频特性应是经过原点的直线。

要使电路满足上述两个条件是很难的,由于信号的有效带宽是有限的,实际上只要电路的通带与信号的有效频带相适应,就能使信号在传输过程中产生的失真限制在允许范围内。对于频谱集中在载频附近较窄频带范围内的已调高频信号,可用具有相应通带的谐振电路进行传输;而对于宽度很窄的矩形脉冲,因其有效频带很宽,则应采用通频带足够宽的低通滤波器来传输信号。

125

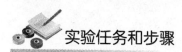

## 实验任务和步骤

### 1. 调幅信号通过串联谐振回路

(1) 选择 IST-B 智能信号测试仪的高频输出功能(功能 02),将测试仪的高频输出端的高频信号接入信号系统实验箱上的串联谐振电路的输入端,电路输出端接至数字存储示波器,如图 2B-24 所示。

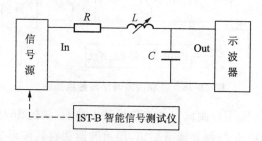

**图 2B-24　串联谐振网络测量连接图**

(2) 首先确定高频信号输出一次,然后选定 IST-B 智能信号测试仪的频响测量功能(功能 13),设定参数为始频 310 kHz,步频 10 kHz,测量点数 $N = 20$,时延 = 2 ms,调节输出幅度为 500 mV 左右(可由高频输出旋钮调节),依测量结果确认串联谐振频率点 $f_0$。

(3) 选择 IST-B 智能信号测试仪的调幅信号功能(功能 07),设置参数,如图 2B-25所示,选取载频为 $f_0$,调制信号频率为 1 kHz,调幅度为 100%,并适当调节已调幅信号输出幅度,观察此调幅信号通过选频回路后发生的变化。注意:要求示波器探头置于 10∶1 挡。

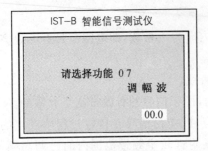
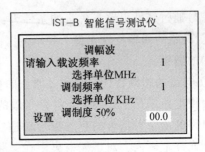

图 2B-25　IST-B 智能信号测试仪调幅功能设置

（4）将调幅信号的调制频率分别改为 $10,20,30$ kHz，重复步骤（3）的测量过程，观察信号的变化。

### 2. 矩形脉冲信号通过并联谐振回路

（1）按照图 2B-26 所示电路连接图连接并联谐振网络、智能信号测试仪和示波器。

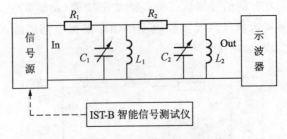

图 2B-26　并联谐振网络测量连接图

（2）由 IST-B 智能信号测试仪方波信号产生功能（功能 16）设定方波的频率为 60 kHz，幅度为 5 000 mV，调节调谐旋钮，用示波器观察其波形变化。

（3）改变方波的频率，在 $50\sim120$ kHz 范围内，观察输出信号波形，测量其频率。

（4）设定输入方波的频率为 20 kHz，幅度为 10 000 mV，调节调谐旋钮，在示波器上能观察到 60 kHz 的近似正弦波，用 IST-B 智能信号测试仪的频率测量功能（功能 11）测试其输出信号频率。

 ## 实验仪器设备

（1）IST-B 智能信号测试仪或函数信号发生器。

（2）TDS210 或 TDS2012 数字存储示波器（或其他示波器）。

（3）信号系统实验箱或电路、信号与系统实验箱（或相应的实验电路）。

## 实验报告要求

（1）绘出串联谐振网络的频响曲线，并由频响曲线确定谐振点频率。

（2）绘出"实验任务和步骤"中各步的输出端波形，标明频率。

## 思考题

（1）为什么 20 kHz 的方波经过并联谐振回路能够产生 60 kHz 的正弦波？

（2）在并联谐振回路输入端接入 100 kHz 的方波，在其输出端用示波器观察对应的正弦波幅度，比较用示波器探头在 1∶1 挡和 10∶1 挡测得的结果有何不同。

# 实验六

{ 信号与系统实验教程 }

# 基本运算单元及其应用

128

## 实验目的

(1) 掌握基本运算单元的特性及其应用。

(2) 掌握基本运算单元的测试方法。

## 实验原理

### 1. 运算放大器

运算放大器是一种高增益放大器,配以适当的反馈网络后可以实现对信号进行求和、积分、微分、比例放大等多种数学运算。

运算放大器具有两个输入端,一个同相输入端和一个反相输入端,从"一"端输入时,输出信号与输入信号反相,该端称为反相输入端;从"十"端输入时,输出信号与输入信号同相,该端称为同相输入端。

### 2. 运算放大器的主要特性

#### 1) 开环增益高

运算放大器的差动电压放大倍数为

$$A_u = \frac{u_o}{u_+ - u_-} \tag{2-13}$$

式中,$u_o$ 为运算放大器的输出电压;$u_+$ 为同相输入端对地的电压;$u_-$ 为反相输入端对地电压。开环时,直流电压放大倍数高达 $10^4 \sim 10^6$。

**2）输入阻抗高**

运算放大器的输入阻抗一般在 $10^{10} \sim 10^{11}\,\Omega$ 范围内。

**3）输出阻抗小**

运算放大器的输出阻抗一般为几十到几百欧姆。

当运算放大器工作在线性区时,可认为具有两大理想特征:其一是因为输入阻抗无穷大,故运算放大器的输入电流为零;其二是因为电压增量无穷大以及输出电压有限,故可认为输入电压$(u_+ - u_-)$基本为零,即"＋"端和"－"端电位相等。

### 3. 基本运算单元

加法器、标量乘法器和积分器是在系统模拟中所必需的 3 种基本运算器。

**1）加法器**

如图 2B-27 所示为加法器,利用它可进行加法运算,输出与输入的关系式为

$$u_o = -\frac{R_2}{R_1}(u_1 + u_2) \tag{2-14}$$

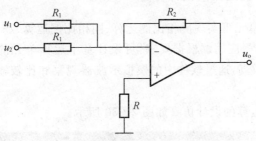

图 2B-27　加法器

**2）反相标量乘法器**

如图 2B-28 所示为反相标量乘法器,利用它可进行反相比例运算,利用虚地概念可推得输出与输入的关系式为

$$u_o = -\frac{R_2}{R_1}u_i = -ku_i \tag{2-15}$$

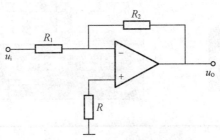

图 2B-28　反相标量乘法器

129

### 3）反相积分器

如图 2B-29 所示为反相积分器，利用它可进行积分运算，输出与输入的关系式为

$$u_o = -\frac{1}{RC}\int u_i\,\mathrm{d}t \qquad (2\text{-}16)$$

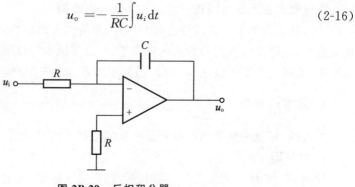

图 2B-29　反相积分器

### 4．基本运算单元应用的设计仿真

利用基本运算单元可实现反相比例运算、同相比例运算、积分运算、微分运算、加法运算、减法运算等应用。根据要求，可设计基本运算单元的应用电路，并用仿真软件 EWB 进行仿真，通过软件中的模拟示波器观察和比较输入、输出信号的幅度和相位关系。

（1）反相比例运算的设计仿真如图 2B-30 所示。

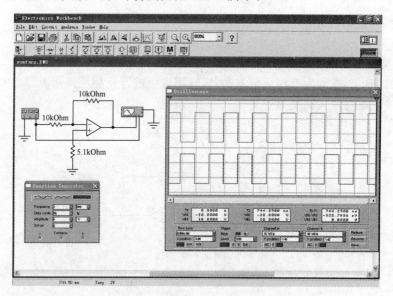

图 2B-30　反相比例运算的设计仿真

（2）同相比例运算的设计仿真如图 2B-31 所示。

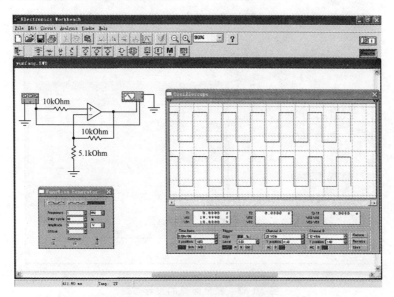

**图 2B-31　同相比例运算的设计仿真**

（3）积分运算的设计仿真如图 2B-32 所示。

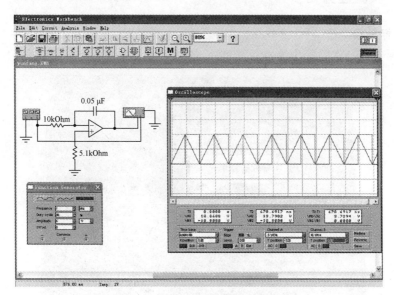

**图 2B-32　积分运算的设计仿真**

（4）微分运算的设计仿真如图 2B-33 所示。

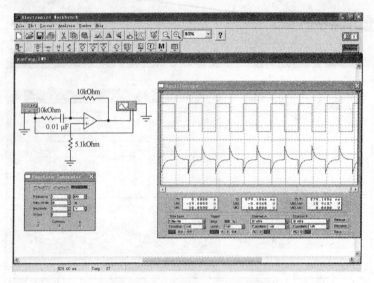

**图 2B-33　微分运算的设计仿真**

 **实验任务和步骤**

### 1）标量乘法器

信号与系统实验箱中基本运算单元，如图 2B-34 所示。

**图 2B-34　基本运算单元实际模拟连接图**

首先，将基本运算单元输出端连至 R703(R3-4)，用智能信号测试仪低频信号功能(功能 01)产生 1 kHz 的正弦波,将其通过低频信号输出端接至 R702(R3-1),则组成标量乘法器,用数字存储示波器(或其他双踪示波器)同时显示输入和输出信号的幅度和相位关系。

其次,将运放输出端改连至 R704(R3-3),重新观察比较输入与输出信号的幅度与相位关系。

**2)加法器**

首先将基本运算单元输出端与电阻 R703(R3-4)相连,用智能信号测试仪 TTL 信号功能(功能 09)产生 1 kHz 的 TTL 波,将该信号通过低频信号输出端和 +5 V 电源电压加至两输入电阻 R701(R3-1)和 R702(R3-2),用双踪示波器的 DC 挡观察运放输出端波形,并比较在输入端接入 +5 V 与不接 +5 V 两种情况下,运放输出方波在示波器上的位置情况。

**3)积分器**

将基本运放单元输出端连至电容 C701(C3-1),在输入电阻 R701 上加 1 kHz 的方波,观察运放输出波形(方波积分应为三角波)。

**4)仿真设计**

利用仿真设计软件 EWB 对反相比例运算、同相比例运算、积分运算、微分器运算进行设计仿真。

**5)记录**

记录各实验任务中的相关数据和波形。

 ## 实验仪器设备

(1) IST-B 智能信号测试仪或函数信号发生器。

(2) TDS210 或 TDS2012 数字存储示波器(或其他示波器)。

(3) 信号系统实验箱或电路、信号与系统实验箱(或相应的实验电路)。

(4) 计算机及仿真设计软件。

 ## 实验报告要求

(1) 分别绘出"实验任务和步骤"中的输入、输出波形。

(2) 进行仿真设计的参数和相关计算。

 思考题

(1) 积分器输入端加 1 kHz 的方波，为何输出端没有三角波输出？

(2) 改变电路中元件参数，对各电路输出信号波形有何影响？

# 实验 七

【信号与系统实验教程】

# 连续时间系统模拟

 **实验目的**

通过本实验项目,学会根据给定的连续系统传递函数,用基本运算单元组成模拟装置。

 **实验原理**

## 1. 一阶电路

一阶电路如图 2B-35 所示,其微分方程为

$$\frac{\mathrm{d}u_C(t)}{\mathrm{d}t} + \frac{1}{RC}u_C(t) = \frac{1}{RC}e(t) \tag{2-17}$$

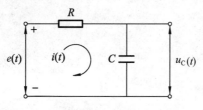

**图 2B-35　一阶电路**

其算子方程为

$$pu_C(t) + \frac{1}{RC}u_C(t) = \frac{1}{RC}e(t) \tag{2-18}$$

整理为

$$u_C(t) = \frac{1}{p}\frac{1}{RC}[e(t) - u_C(t)] \tag{2-19}$$

其模拟框图如图 2B-36 所示。

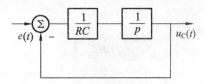

**图 2B-36　一阶电路模拟框图**

当 $RC=1$ 时,图 2B-36 可简化为图 2B-37。

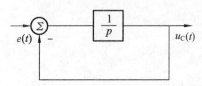

**图 2B-37　一阶电路简化模拟框图**

本实验采用反相输入放大器,考虑到运放反相输入端组成的积分器为 $-\dfrac{1}{p}$,该框图可画成如图 2B-38 所示的等效框图。

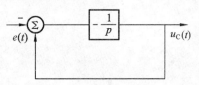

**图 2B-38　一阶电路等效模拟框图**

据此得出的模拟装置如信号系统实验箱上的 First Order(1),如图 2B-39 所示。

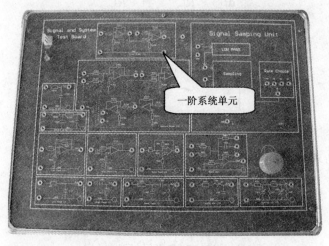

**图 2B-39　一阶系统单元实际模拟连接图**

## 2. 二阶系统

对于如图 2B-40 所示的二阶系统，令 $R_1 = R_2 = R$，$C_1 = C_2 = C$，采用节点电流定理可求得其微分方程为

$$\frac{\mathrm{d}^2 u(t)}{\mathrm{d}t^2} + \frac{3}{RC}\frac{\mathrm{d}u(t)}{\mathrm{d}t} + \frac{1}{R^2 C^2}u(t) = \frac{1}{R^2 C^2}e(t) \tag{2-20}$$

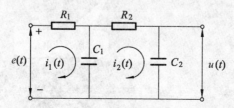

**图 2B-40　二阶电路**

其算子方程为

$$p^2 u(t) + \frac{3}{RC}pu(t) + \frac{1}{R^2 C^2}u(t) = \frac{1}{R^2 C^2}e(t) \tag{2-21}$$

整理可得

$$u(t) = \frac{1}{R^2 C^2}\frac{1}{p^2}e(t) - \frac{3}{RC}\frac{1}{p}u(t) - \frac{1}{R^2 C^2}\frac{1}{p^2}u(t) \tag{2-22}$$

或可化为

$$u(t) = -\frac{1}{p}\left\{ \underbrace{-\frac{1}{p}[e(t) - u(t)]}_{z(t)} + 3u(t) \right\} \tag{2-23}$$

当 $RC = 1$ 时，式 2-23 可简化为

$$u(t) = -\frac{1}{p}\left\{ \underbrace{-\frac{1}{p}[e(t) - u(t)]}_{z(t)} + 3u(t) \right\} \tag{2-24}$$

根据上述方程可推得其模拟连接装置如图 2B-41 所示。

本系统中，P1～P3 与 P4～P5 是反相积分器，P6～P7 是增益为 1 的反相器，P7～P8 是 3 倍增益的反相放大器。由此可得：P1 为 $e(t)$，P5 为 $u(t)$，P2 = P7 = $-u(t)$，P9 = P8 = $-3$P7 = $3u(t)$。

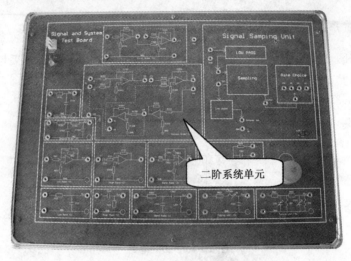

图 2B-41  二阶系统单元实际模拟连接图

 **实验任务和步骤**

(1) 根据图 2B-39,用 IST-B 智能信号测试仪的频响测量功能(功能 13),测试一阶 $RC$ 电路的幅频特性,并与无源 $RC$ 电路相比较。

频响测量参数设置如表 2-4 所示。

表 2-4  有源一阶电路和无源一阶电路测试参数

| 电路参数 | 始频/Hz | 步频/Hz | 测量点数 | 延时/ms |
| --- | --- | --- | --- | --- |
| 有源一阶电路 | 50 | 50 | 20 | 2 |
| 无源一阶电路 | 50 | 500 | 20 | 2 |

(2) 在连接二阶模拟装置及反馈线之前,分别在单元电路输入端加入频率为 1 kHz、幅度为 1 000 mV 的方波,观察其输入输出的关系。

(3) 根据图 2B-41,用 IST-B 智能信号测试仪的频响测试功能(功能 13),测量二阶 $RC$ 电路的幅频特性,并与无源二阶电路相比较。测试前,将图中的虚线用短连线相连接。

频响测量参数设置如表 2-5 所示。

表 2-5  有源二阶电路和无源二阶电路测试参数

| 电路参数 | 始频/Hz | 步频/Hz | 测量点数 | 延时/ms |
| --- | --- | --- | --- | --- |
| 有源二阶电路 | 50 | 50 | 20 | 2 |
| 无源二阶电路 | 50 | 50 | 20 | 2 |

实验仪器设备

（1）IST-B 型智能信号测试仪或函数信号发生器。

（2）TDS210 或 TDS2012 数字存储示波器（或其他示波器）。

（3）信号系统实验箱或电路、信号与系统实验箱（或相应的实验电路）。

 实验报告要求

绘出"实验任务和步骤"中的幅频特性曲线，并说明与无源网络的比较结果。

 思考题

（1）当 $RC$ 的乘积不等于 1 时，模拟装置应做何变动？

（2）对一阶系统，当输入为一直流电压（5 V）时，模拟输出还正确吗？这说明了什么问题？

## 实验八

【信号与系统实验教程】

# 信号采样与恢复

### 实验目的

熟悉信号的采样与恢复过程,验证取样定理。

### 实验原理

对连续时间信号进行取样,可获得离散时间信号,取样器可看作一个乘法器,连续信号 $f(t)$ 和开关函数 $s(t)$ 在取样器中相乘后输出离散时间信号 $f_s(t)$,如图 2B-42所示。

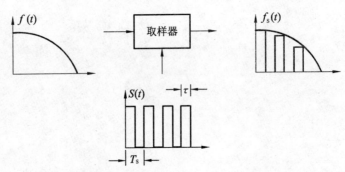

**图 2B-42　连续时间信号及其采样**

若连续时间信号的频谱已知,则取样后信号的频谱包括了原连续信号的频谱以及无数个经过平移的原信号频谱,平移的频谱间隔等于取样频率。

如果开关函数是周期性矩形脉冲,且脉冲宽度不为零,则取样信号的频谱的包络线按 $\mathrm{Sa}(x)$ 的规律衰减。

如果令取样信号通过低通滤波器,且使该滤波器的截止频率等于原信号频谱

的最高频率 $\omega_m$,那么取样信号中大于最高频率 $\omega_m$ 的频率成分被滤去,仅存原信号频谱的频率成分,这样低通滤波器的输出可得到恢复的原信号。

根据取样定理,采样时间间隔必须满足 $T_s \leqslant \dfrac{\pi}{\omega_m}$,也就是取样频率 $\omega_s = \dfrac{2\pi}{T_s} \geqslant 2\omega_m$ 时,取样信号的频谱才不会发生重叠,且在通过截止频率为 $\omega_m$ 的低通滤波器后,不失真地恢复为原信号。

信号与系统实验箱的采样单元电路如图 2B-43 所示。图中,输入信号通过低通滤波器加至取样器取样,经过输出滤波器后输出恢复信号。系统中现有采样速率可以选择 16 倍、8 倍、4 倍、2 倍以及 16/9 倍、8/9 倍、4/9 倍、2/9 倍等 8 种取样速率。

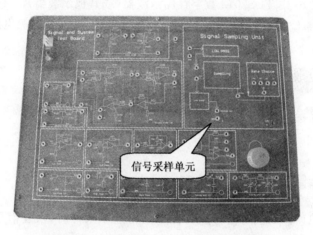

**图 2B-43　信号采样单元实际模拟连接电路**

## 实验任务和步骤

### 1. 正弦波的采样与恢复过程

（1）按图在输入(In)端加入频率为 2 kHz,幅度为 3 000 mV 的正弦波,用示波器观察采样系统中采样输入（系统输入）、采样脉冲、采样输出、低通输出等各点的波形。

（2）改变采样速率为 2 倍、4 倍、8 倍,重复上述过程。

（3）当频率选择开关置于"＊16 位",s2 位于 N/9,可实现 16/9 倍取样速率,这时采样速率低于信号的 2 倍,采样信号将发生混叠现象,恢复信号产生失真。

### 2. 方波的采样过程

在采样系统的输入端接入频率为 2 kHz,幅度大于 5 000 mV 的 TTL 波,并用连接线将系统输入端 Low pass 的输入、输出短接,重复"实验任务和步骤"1. 的实验过程。

 ## 实验仪器设备

(1) IST-B 智能信号测试仪或函数信号发生器。

(2) TDS210 或 TDS2012 数字存储示波器(或其他示波器)。

(3) 信号系统实验箱或电路、信号与系统实验箱(或相应实验电路)。

 ## 实验报告要求

(1) 分别绘出不同采样频率时的采样脉冲波形。

(2) 绘出信号通过采样单元电路时,在各点的波形。

 ## 思考题

(1) 实验过程中,当对信号进行低于 2 倍速率采样时,恢复信号有失真,这是为什么?

(2) 实验箱上什么样的滤波器可以改善思考题(1)的情况? 说明采样前级低通滤波器的作用。

# C 数字信号处理实验

## 实验一

信号与系统实验教程

# 信号放大与衰减

143

### 实验目的

（1）通过实验加深对自动增益控制（AGC）原理的理解。

（2）学习用数字信号处理的方法实现放大与衰减器。

### 实验原理

设 $x(n)$ 和 $y(n)$ 分别表示输入和输出序列，则放大和衰减可表示为

$$y(n) = Ax(n) \qquad (2\text{-}25)$$

式中，$A$ 是常数，当 $A > 1$ 时表示放大，$A < 1$ 时表示衰减。数字放大器或衰减器可以用乘法器来实现。

在数字放大器（衰减器）里不存在模拟放大器或衰减器中所出现的失真或频率特性的偏差等问题。其发生恶化的原因在于寄存器的溢出所造成的过载噪声和乘法器的尾数处理产生的舍入噪声。

一方面，可编程数字放大器及衰减器在各种采用数字信号处理技术的测试仪器中得到了越来越广泛的应用。衰减量或放大率的精度决定于 $A$ 的字长和乘法器的字长。字长越大，则精度越高。

另一方面，可以采用反馈回路控制增益，这时就可以用数字信号处理实现自动增益调整（AGC）。

## 实验任务

（1）观察放大与衰减网络作用的范围。

（2）观察放大与衰减网络作用时输出波形的变化。

## 实验任务和步骤

（1）用 IST-B 智能信号测试仪（或其他信号源）产生 1 kHz 的正弦信号，加到实验箱模拟通道 1 输入端，将示波器探头接至模拟通道 1 输出端。

（2）在保证实验箱正确加电且串口电缆连接正常的情况下，运行数字信号处理与现代通信技术实验开发软件，在信号处理实验菜单下选择"放大与衰减"子菜单，出现如图 2C-1 所示的窗口。

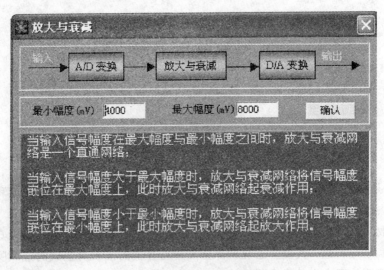

**图 2C-1　放大与衰减窗口**

（3）设置相关参数，点击【确认】按钮，电路即正常工作。

（4）由小到大调节信号源、输出信号幅度，观察示波器上波形的变化情况。

（5）更改最小幅值与最大幅值，重复步骤（3）和步骤（4）。

## 实验仪器设备

（1）双踪示波器。

（2）IST-B 智能信号测试仪。

（3）低频信号发生器。

（4）多路直流稳压电源。

## 思考题

（1）当信号源信号幅度接近为零时放大网络是否还起作用？

（2）当信号源幅度逐渐增大时，衰减网络是否能一直使信号保持不失真？

# 实 验 二

# FIR 滤波器设计

## 实验目的

(1) 通过实验加深对 FIR 滤波器基本原理的理解。

(2) 学会使用窗函数法和频率采样法设计 FIR 滤波器。

(3) 观察 FIR 滤波器的冲激响应、幅频特性和相频特性。

(4) 通过示波器观察 FIR 滤波器的实际性能。

## 实验原理

数字滤波器的设计是数字信号处理中的一个重要内容,在数字通信系统中经常使用数字滤波器完成滤波任务。数字滤波器设计包括 FIR(有限单位脉冲响应)滤波器与 IIR(无限单位脉冲响应)滤波器两种。

FIR 滤波器有多种设计方法,如窗函数法、频率采样法及其他各种优化设计方法。这里主要介绍前两种设计方法。

### 1. 窗函数法

窗函数法是使用矩形窗、三角窗、巴特利特窗、汉明窗、汉宁窗和布莱克曼窗等设计出标准响应的高通、低通、带通和带阻 FIR 滤波器。

在 MATLAB 中设计标准响应 FIR 滤波器可使用 fir1 函数,其用法如式 (2-26)所示。

$$b=fir1(n,Wn,'ftype',window) \qquad (2-26)$$

式中,

b—滤波器系数,对于一个 n 阶的 FIR 滤波器,其 n+1 个滤波器系数可表示为

$b(z)=b(1)+b(2)z^{-1}+\cdots+b(n+1)z^{-n}$。

n—滤波器阶数;

Wn—截止频率,$0{\leqslant}Wn{\leqslant}1$,Wn=1 对应于采样频率的 $\dfrac{1}{2}$(本实验开发系统下为 5 kHz);当设计带通和带阻滤波器时,Wn=[W1 W2],$W1{\leqslant}\omega{\leqslant}W2$。

ftype—当指定位 ftype 时,可设计高通和带阻滤波器。ftype=high 时,设计高通 FIR 滤波器;ftype=stop 时,设计带阻 FIR 滤波器。低通和带通 FIR 滤波器无需输入 ftype 参数。

window—窗函数。窗函数的长度应与阶数 n 一致。

在 MATLAB 中,这些窗函数分别为:

① 矩形窗:w=boxcar(n);

② 三角窗:w=triang(n);

③ 巴特利特窗:w=bartlett(n);

④ 汉明窗:w=hamming(n);

⑤ 汉宁窗:w=hanning(n);

⑥ 布莱克曼窗:w=blackman(n)。

### 2. 频率取样法

频率取样法是指定不同频率处的幅度响应值,然后根据这些指定的参数设计出任意响应的 FIR 滤波器。

MATLAB 下设计任意响应的 FIR 滤波器可使用 fir2 函数,其用法如式(2-27)所示。

$$b=fir2(n,f,m,window) \qquad (2\text{-}27)$$

式中,

n—滤波器阶数。

f—频率点矢量。$0{\leqslant}f{\leqslant}1$,f=1 时对应的频率为采样频率的 $\dfrac{1}{2}$(本实验开发系统下为 5 kHz)。矢量 f 按升序排列,且第一个必须为 0,最后一个必须为 1,并允许出现相同的频率值。

m—幅度矢量,包含与 f 相对应的期望滤波器响应幅度。矢量 f 与矢量 m 的长度必须相同。

window—与标准响应 FIR 滤波器设计时的窗函数相同。

b—滤波器系数,其长度为 n+1。

147

 **实验任务**

（1）用窗函数法设计标准响应的 FIR 滤波器，在计算机上观察冲激响应、幅频特性和相频特性，然后下载到实验箱。用示波器观察输入输出波形，使用 IST-B 智能信号测试仪测试其频率响应特性曲线。

（2）用频率取样法设计任意响应的 FIR 滤波器，在计算机上观察冲激响应、幅频特性和相频特性，然后下载到实验箱。用示波器观察输入输出波形，使用 IST-B 智能信号测试仪测试其频率响应特性曲线。

 **实验任务和步骤**

### 1. 窗函数法 FIR 滤波器实验步骤

（1）用低频信号发生器或 IST-B 智能信号测试仪产生低频信号，如使用 IST-B 智能信号测试仪，则进入第 18 号功能——频率键控，始频取 1 kHz，步频取 100 Hz，按【确认】键后工作。

（2）将低频输出信号加到实验箱模拟通道 1 输入端，将示波器探头接至模拟通道 1 输出端。

（3）在保证实验箱正确加电且串口电缆连接正常的情况下，运行现代通信技术实验开发软件，在信号处理实验菜单下选择"数字滤波器"下的"标准响应 FIR"子菜单，出现如图 2C-2 所示的窗口，窗口右侧出现的是提示信息。

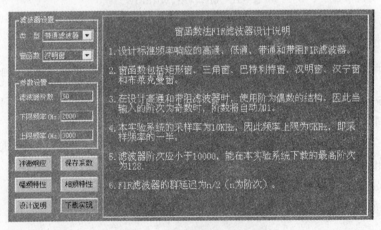

**图 2C-2　窗函数法 FIR 滤波器**

（4）分别点击【冲激响应】、【幅频特性】和【相频特性】按钮，在窗口右侧观察 FIR 滤波器的冲激响应、幅频特性和相频特性，如图 2C-3 所示。此时提示信息将消失，如需查看提示信息，可点击【设计说明】按钮。

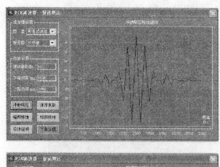
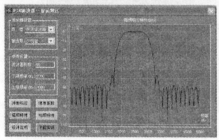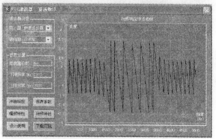

**图 2C-3　窗函数法 FIR 滤波器的冲激响应、设计说明、幅频特性和相频特性**

（5）点击【下载实现】按钮，FIR 滤波器开始工作，此时窗口右侧将显示 FIR 滤波器的幅频特性。

（6）更改低频输出信号的频率，观察示波器上波形幅度的变化情况是否与绘出的幅频特性一致。

（7）使用扫频仪或 IST-B 智能信号测试仪的第 13 号功能——频响测量，测量 FIR 滤波器的频率响应。

（8）分别更改滤波器类型、窗函数类型、滤波器阶数和截止频率等参数，重复步骤（3）—步骤（7）。

（9）如有需要，可保存 FIR 滤波器系数至电脑文件中。

### 2. 频率取样法 FIR 滤波器实验步骤

（1）用低频信号发生器或 IST-B 智能信号测试仪产生低频信号，如使用 IST-B 智能信号测试仪，则进入第 18 号功能——频率键控，始频取 1 kHz，步频取 100 Hz，按【确认】后工作。

（2）将低频输出信号加到实验箱模拟通道 1 的输入端，将示波器探头接至模拟通道 1 的输出端。

（3）在保证实验箱正确加电且串口电缆连接正常的情况下,运行现代通信技术实验开发软件,在信号处理实验菜单下选择"数字滤波器"的"任意响应 FIR"子菜单,出现如图 2C-4 所示的窗口,窗口右侧出现的是提示信息。

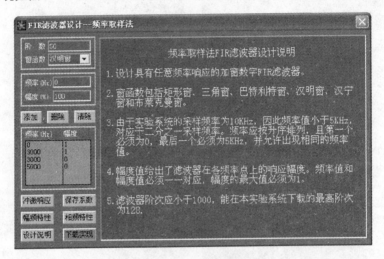

**图 2C-4　频率取样法 FIR 滤波器**

（4）分别点击【冲激响应】、【幅频特性】和【相频特性】按钮,在窗口右侧观察FIR 滤波器的冲激响应、幅频特性和相频特性,如图 2C-5 所示。此时提示信息、将消失,如需查看提示信息,可点击【设计说明】按钮。

（5）点击【下载实现】按钮,FIR 滤波器开始工作,此时窗口右侧将显示 FIR 滤波器的幅频特性。

（6）更改低频输出信号的频率,观察示波器上波形幅度的变化情况是否与绘出的幅频特性一致。

（7）使用扫频仪或 IST-B 智能信号测试仪的第 13 号功能——频响测量,测量FIR 滤波器的频率响应。

（8）分别更改窗函数类型、滤波器阶数和频率采样值等参数,重复步骤（3）—步骤（7）。

（9）如有需要,可保存 FIR 滤波器系数至电脑文件中。

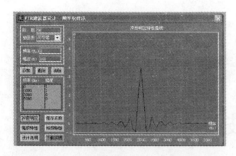
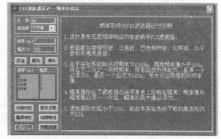
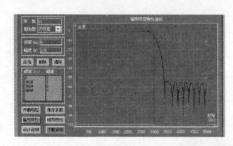
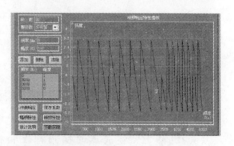

图 2C-5　频率取样法 FIR 滤波器的冲激响应、设计说明、幅频特性和相频特性

 实验仪器设备

（1）双踪示波器。

（2）IST-B 智能信号测试仪。

（3）低频信号发生器。

（4）多路稳压电源。

（5）扫频仪。

 思考题

（1）试编写窗函数法 FIR 滤波器设计的 MATLAB 仿真程序。

（2）试编写频率取样法 FIR 滤波器设计的 MATLAB 仿真程序。

# 实验三

【信号与系统实验教程】

# IIR滤波器设计

 **实验目的**

(1) 通过实验加深对 IIR 滤波器基本原理的理解。

(2) 学习设计 IIR 滤波器 MATLAB 仿真程序。

(3) 观察 IIR 滤波器的幅频特性和相频特性。

(4) 通过示波器观察 IIR 滤波器的实际滤波性能。

 **实验原理**

IIR 滤波器有以下几个特点：

(1) IIR 数字滤波器的系统函数可以写成封闭函数的形式。

(2) IIR 数字滤波器采用递归型结构，即结构上带有反馈环路。IIR 滤波器运算结构通常由延时、乘法和相加等基本运算组成，可以组合成直接型、正准型、级联型、并联型 4 种结构形式，都具有反馈回路。由于运算中的舍入处理，使误差不断累积，有时会产生微弱的寄生振荡。

(3) IIR 数字滤波器在设计上可以借助成熟的模拟滤波器的成果。例如，巴特沃斯、切比雪夫、椭圆滤波器等，有现成的设计数据或图表可查，其设计工作量比较小，对计算工具的要求不高。在设计一个 IIR 数字滤波器时，根据指标先写出模拟滤波器的公式，然后通过一定的变换，将模拟滤波器的公式转换成数字滤波器的公式。

(4) IIR 数字滤波器的相位特性不易控制，对相位要求较高时，需加相位校准网络。

数字滤波器的运算过程，就是将一组输入的数字序列通过一定的运算，转换成另一组输出的数字序列。在以硬件实现具有所要求特性的数字滤波器时,必须解决下列问题:用 FIR 型或 IIR 型滤波器的还是采用两者的混合型滤波器;确定其传递函数;确定滤波器的结构;减少有限字长的影响;确定硬件结构。

本实验开发系统实现了两种类型的 IIR 滤波器:巴特沃斯(Butterworth)滤波器和切比雪夫(Chebyshev)I 型滤波器。

与 FIR 滤波器不同,设计 IIR 滤波器时,阶数不是由设计者指定,而是根据设计者输入的各个滤波器参数(截止频率、通带滤纹、阻带衰减等),由软件设计出满足这些参数的最低滤波器阶数。

### 1. 巴特沃斯 IIR 滤波器的 MATLAB 仿真

在 MATLAB 中,设计巴特沃斯 IIR 滤波器可使用 butter 函数。

butter 函数可设计低通、高通、带通和带阻的数字和模拟 IIR 滤波器,其特性为使通带内的幅度响应最大限度地平坦,但损失了截止频率处的下降斜度。在期望通带平滑的情况下,可使用 butter 函数。

butter 函数的用法如式(2-28)所示。

$$[b,a] = butter(n, Wn, 'ftype') \tag{2-28}$$

在使用 butter 函数设计巴特沃斯 IIR 滤波器之前,需首先调用 buttord 函数。buttord 函数可在给定滤波器性能的情况下,求出巴特沃斯滤波器的最小阶数 n 和截止频率 Wn。

buttord 函数的用法如式(2-29)所示。

$$[n, Wn] = buttord(Wp, Ws, Rp, Rs) \tag{2-29}$$

有关这两个函数的具体用法请参见 MATLAB 的帮助。

### 2. 切比雪夫 IIR 滤波器的 MATLAB 设计

在 MATLAB 中设计切比雪夫 IIR 滤波器可使用 cheby1 和 cheby2 函数,分别得到切比雪夫 I 型和 II 型 IIR 滤波器。本实验开发系统实现的是切比雪夫 I 型滤波器,可使用 cheby1 函数进行设计。

cheby1 函数可设计低通、高通、带通和带阻切比雪夫 I 型 IIR 滤波器,其通带内为等波纹,阻带内为单调。切比雪夫 I 型的下降斜度比 II 型大,但付出的代价是通带内波纹较大。

cheby1 函数的用法如式(2-30)所示。

$$[b,a] = cheby1(n, Rp, Wn, 'ftype') \tag{2-30}$$

在使用 cheby1 函数设计 IIR 滤波器之前,需使用 cheb1ord 函数取得滤波器阶数和截止频率。cheb1ord 函数可在给定滤波器性能的情况下,选择切比雪夫 I 型滤波器的最小阶数 n 和截止频率 Wn。

cheb1ord 函数的用法如式(2-31)所示。

$$[n, Wn] = cheb1ord(Wp, Ws, Rp, Rs) \tag{2-31}$$

有关这两个函数的具体用法请参见 MATLAB 的帮助。

## 实验任务

(1) 设计巴特沃斯 IIR 滤波器,在计算机上观察幅频特性和相频特性,然后下载到实验箱。用示波器观察输入、输出波形,使用 IST-B 智能信号测试仪测试其频率响应特性曲线。

(2) 设计切比雪夫 IIR 滤波器,在计算机上观察幅频特性和相频特性,然后下载到实验箱。用示波器观察输入、输出波形,使用 IST-B 智能信号测试仪测试其频率响应特性曲线。

## 实验任务和步骤

(1) 用低频信号发生器或 IST-B 智能信号测试仪产生低频信号,如使用 IST-B 智能信号测试仪,则进入第 18 号功能——频率键控,始频取 1 kHz,步频取 100 Hz,按【确认】后工作。

(2) 将低频输出信号加到实验箱模拟通道 1 的输入端,将示波器探头接至模拟通道 1 的输出端。

(3) 在保证实验箱正确加电且串口电缆连接正常的情况下,运行数字信号处理与现代通信技术实验开发软件,在数字信号处理实验菜单下选择"数字滤波器"的"IIR 滤波器"子菜单,出现如图 2C-6 所示的窗口,窗口右侧出现的是提示信息。

(4) 分别点击【幅频特性】和【相频特性】按钮,在窗口右侧观察 IIR 滤波器的幅频特性和相频特性,如图 2C-7 所示。此时提示信息将消失,如需查看提示信息,可点击【设计说明】按钮。

(5) 点击【下载实现】按钮,IIR 滤波器开始工作,此时窗口右侧将显示 IIR 滤波器的幅频特性。

(6) 更改低频输出信号的频率,观察示波器上波形幅度的变化情况是否与绘出的幅频特性一致。

(7) 使用扫频仪或 IST-B 智能信号测试仪的第 13 号功能——频响测量,测量 FIR 滤波器的频率响应。

（8）分别更改滤波器类型、滤波器特性、截止频率、通带波纹系数和阻带衰减系数等参数，重复步骤（3）—步骤（7）。

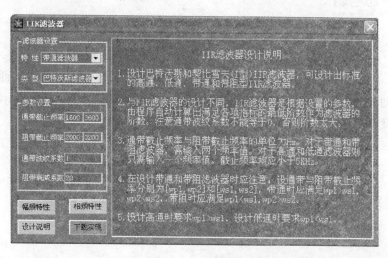

图 2C-6　IIR 滤波器

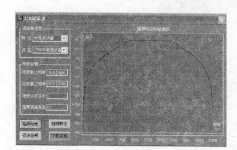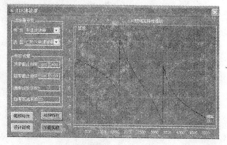

图 2C-7　IIR 滤波器的幅频特性和相频特性

 实验仪器设备

（1）双踪示波器。

（2）IST-B 智能信号测试仪。

（3）低频信号发生器。

（4）多路稳压电源。

（5）扫频仪。

 **思考题**

（1）编写巴特沃斯 IIR 滤波器设计的 MATLAB 仿真程序。

（2）编写切比雪夫 IIR 滤波器设计的 MATLAB 仿真程序。

（3）IIR 滤波器与 FIR 滤波器有哪些区别？注意不要仅从幅频特性曲线图观察两者的滤波性能，更要看它们衰减的分贝数。如果采用椭圆滤波器，两者滤波性能比较就更明显。

# 实验四

【信号与系统实验教程】

# FFT频谱分析

## 实验目的

(1) 通过实验加深对快速傅里叶变换(FFT)基本原理的理解。

(2) 观察并比较各种信号的频谱。

(3) 了解FFT点数与频谱分辨率的关系。

## 实验原理

离散傅里叶变换(DFT)和卷积是信号处理中两个最基本也是最常用的运算，涉及信号与系统的分析与综合这一广泛的信号处理领域。实际上DFT与卷积之间有着互通的联系：卷积可化为DFT来实现，其他许多算法，如相关、滤波和谱估计等都可化为DFT来实现，DFT也可化为卷积来实现。

对 $N$ 点序列 $x(n)$，其DFT变换的定义为

$$\begin{cases} X(k) = \sum_{n=0}^{N-1} x(n) W_N^{nk}, k = 0,1,\cdots,N-1; W_N = e^{-j2\pi/N} \\ x(n) = \frac{1}{N} \sum_{k=0}^{N-1} X(k) W_N^{-nk}, n = 0,1,\cdots,N-1 \end{cases} \quad (2\text{-}32)$$

显然，求出 $N$ 点 $X(k)$ 需要 $N^2$ 次复数乘法，$N(N-1)$ 次复数加法。众所周知，实现一次复数乘需要4次实数乘和两次实数加，实现一次复数加则需要两次实数加。当 $N$ 很大时，其计算量是相当可观的。例如，若 $N=1\,024$，则需要 $1\,048\,576$ 次复数乘法，即 $4\,194\,304$ 次实数乘法。计算所需时间过长，难于实时实现。若处理二维或三维图像，所需的计算量更是大得惊人。

其实，在DFT运算中包含大量的重复运算。FFT算法利用了蝶形因子 $W_N$ 的

周期性和对称性,从而加快了运算的速度。$W_N$ 因子的周期性和对称性如下:

① $W^0 = 1, W^{N/2} = -1$;

② $W_N^{N+1} = W_N^r, W^{N/2+r} = -W^r$。

FFT 算法将长序列的 DFT 分解为短序列的 DFT。$N$ 点的 DFT 先分解为 2 个 $N/2$ 点的 DFT,每个 $N/2$ 点的 DFT 又分解为 2 个 $N/4$ 点的 DFT。按照此规律,最小变换的点数即所谓的“基数(radix)”。因此,基数为 2 的 FFT 算法的最小变换(或称蝶形)是 2 点 DFT。一般地,对 $N$ 点 FFT,对应于 $N$ 个输入样值,有 $N$ 个频域样值与之对应。

一般而言,FFT 算法可以分为时间抽取(DIT)FFT 和频率抽取(DIF)FFT 两大类。有关 FFT 的具体实现方法请参考相关资料和实验开发系统说明书。使用 DSP 来实现 $N$ 点 FFT 算法时,重要的是做一个 $N$ 点的余弦/正弦表,供运算时查表用。

 **实验任务**

（1）分别观察正弦信号、方波信号、三角波信号、FSK 信号、PSK 信号及噪声的频谱。

（2）改变 FFT 的点数,查看频谱图有何区别。

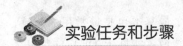 **实验任务和步骤**

（1）将低频信号发生器或 IST-B 智能信号测试仪的低频输出信号端产生的低频信号,加到实验箱模拟通道 1 的输入端,将示波器探头接至模拟通道 1 的输出端。

（2）在保证实验箱正确加电且串口电缆连接正常的情况下,运行现代通信技术实验开发软件,在数字信号处理实验菜单下选择“FFT 频谱分析”子菜单,出现如图 2C-8 所示的窗口。窗口中显示了 FFT 频谱分析功能的提示信息。

（3）用低频信号发生器或 IST-B 智能信号测试仪产生一个 1 kHz 的正弦信号。

（4）点击选择 FFT 频谱分析与显示的点数为 256 点,开始进行 FFT 运算。此后,计算机将不断从实验箱取出 FFT 数据用于观察显示。

（5）更改信号源频率,观察频谱图的变化。

（6）选择 FFT 的点数为 64 点或 128 点,观察频谱图的变化。

（7）将信号源输出波形改为方波,观察此时的频谱图。

（8）更改信号源输出信号类型、频率以及 FFT 点数，重复前面的步骤观察频谱图。

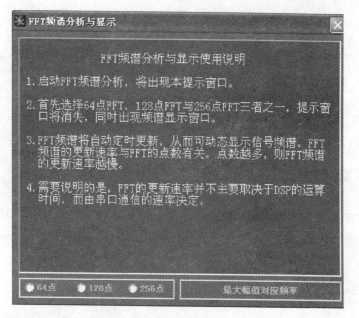

图 2C-8　FFT 频谱分析操作界面

 **实验仪器设备**

（1）双踪示波器。

（2）IST-B 智能信号测试仪。

（3）低频信号发生器。

（4）多路稳压电源。

 **思考题**

（1）对同一个信号，不同点数 FFT 观察到的频谱图有何区别？

（2）试说明不同信号频谱的特点。

# 实验五

{ 信号与系统实验教程 }

# 正弦信号产生

## 实验目的

学习用查表法产生正弦信号并观察其频谱。

## 实验原理

在各种函数中,正弦波是最基本、应用最广泛的一种函数,其他函数可参考正弦波产生的方法或可由正弦波经适当变换得到。

本实验开发系统中,正弦波的产生是通过查 ROM 表的方法产生的。

## 实验任务

（1）设置正弦信号的频率与幅度,观察产生的正弦信号波形。

（2）查看正弦信号的频谱。

## 实验任务和步骤

（1）将示波器探头接至模拟通道 1 的输出端,同时用短路线将模拟通道 1 的输出连接至模拟通道 2 的输入端。

（2）在保证实验箱正确加电且串口电缆连接正常的情况下,运行数字信号处理与现代通信技术实验开发软件,在数字信号处理实验菜单下选择"波形发生与检测"的"正弦信号产生"子菜单,如图 2C-9 所示。

图 2C-9　正弦信号产生操作界面

（3）点击【确定】按钮观察示波器上的波形，此时正弦信号的频率应为 2 500 Hz。

（4）使用 IST-B 智能信号测试仪第 11 号功能——频率测量，测量正弦信号的频率，也可从示波器测量菜单直接读取频率。

（5）使用 IST-B 智能信号测试仪第 14 号功能——失真度测量，测量正弦信号的失真度。

（6）点击【开启频谱显示】按钮，出现 FFT 频谱分析与显示窗口，如图 2C-10 所示，此时按钮上显示为"关闭频谱显示"。

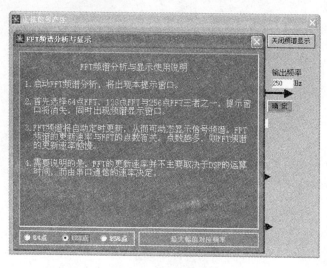

图 2C-10　正弦信号频谱显示界面

（7）更改正弦信号的频率和幅度,重复步骤（3）—步骤（6）。

（8）如不需要观察频谱,可点击【关闭频谱显示】按钮关闭 FFT 频谱分析与显示。

 **实验仪器设备**

（1）双踪示波器。

（2）IST-B 智能信号测试仪。

（3）多路稳压电源。

（4）频率计。

（5）失真度测试仪。

 **思考题**

（1）正弦表的点数与产生的正弦波形有何关系?

（2）要产生失真度低的正弦信号,需在 D/A 器件后加何种功能单元?

# 实验六

信号与系统实验教程

# 噪声产生

## 实验目的

（1）学习用同余法产生噪声信号。

（2）观察噪声频谱。

## 实验原理

所谓噪声，就是通信系统中存在的干扰信号的传输和处理的那一类不需要的信号波形。它在系统中无处不在，有时称之为随机干扰信号。

在通信过程中不可避免地存在着噪声。噪声对通信质量有着极大的影响，严重时甚至可能使通信无法正常进行。

本实验系统中，采用线性同余法产生随机噪声，以式（2-33）的方式产生随机数。

$$Z_i = (aZ_{i-1} + C) \bmod m \qquad (2\text{-}33)$$

式中，$Z_i$ 是第 $i$ 个随机数，范围为 $[0, m-1]$；$a$ 为乘子；$C$ 为增量；$m$ 为模数。

## 实验任务

（1）设置噪声的种类与幅度，观察产生的噪声波形。

（2）查看噪声的频谱。

## 实验任务和步骤

（1）将示波器探头接至模拟通道 1 的输出端，同时用短连线将模拟通道 1 的输出端连接至模拟通道 2 的输入端。

（2）在保证实验箱正确加电且串口电缆连接正常的情况下，运行现代通信技术实验开发软件，在数字信号处理实验菜单下选择"波形发生与检测"的"噪声产生"子菜单，出现如图 2C-11 所示的窗口。

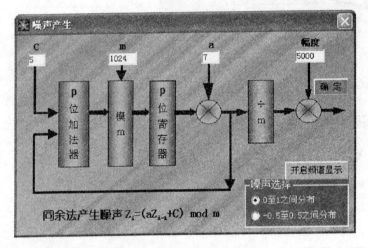

**图 2C-11　噪声产生操作界面**

（3）点击【确定】按钮观察示波器上波形。

（4）点击【开启频谱显示】按钮，出现 FFT 频谱分析与显示窗口，如图 2C-12 所示，此时按钮上显示为"关闭频谱显示"。

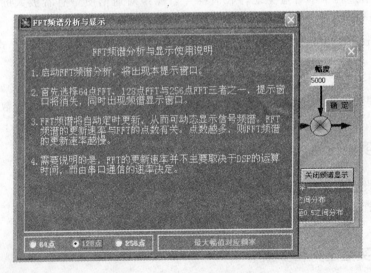

**图 2C-12　噪声频谱显示界面**

(5) 设定噪声为在 -0.5 至 0.5 之间分布,观察波形与频谱。

(6) 更改噪声产生的 c,m,a 和幅度等参数,重复步骤(3)—步骤(5)。

(7) 如不需要观察频谱,可点击【关闭频谱显示】按钮关闭 FFT 频谱分析与显示。

## 实验仪器设备

(1) 双踪示波器。

(2) IST-B 智能信号测试仪。

(3) 多路稳压电源。

## 思考题

(1) 噪声的频谱应具有什么样的特性?

(2) 同余法产生噪声是不是高斯白噪声,如需产生高斯白噪声,可采用什么方法?

# 实验七

## DTMF产生与接收

 **实验目的**

（1）学习 DTMF 信号产生与接收的基本原理。

（2）观察 DTMF 信号的频谱。

 **实验原理**

电话交换中需要用音频范围内的多频信号（MF）和按键信号（PB）进行数字信息及控制信息的发送与接收。由于是音频范围的信号，故频率较低，而且这种信号也是正弦波的组合，可以用数字信号处理和傅里叶变换检测出来，故特别适于数字信号处理。特别是在交换机进入大规模的数字化阶段后，直接进行数字信号处理是非常有利的。

MF 信号用于交换机之间的发收信号，可以分别用来控制起动、话终、拆线等过程的监视信号和传送拨号数字的选择信号。

PB 信号是从电话用户按键电话机中产生的呼叫信息，由交换机内设置的接收器接收，并识别按下的是哪个按键。

 **实验任务**

（1）观察 DTMF 信号的频谱。

（2）发送并接收 DTMF 信号。

## 实验任务和步骤

（1）将示波器探头接至模拟通道 1 的输出端，同时用短路线将模拟通道 1 的输出端连接至模拟通道 2 的输入端。

（2）在保证实验箱正确加电且串口电缆连接正常的情况下，运行数字信号处理与现代通信技术实验开发软件，在数字信号处理实验菜单下选择"波形发生与检测"的"DTMF 产生与接收"子菜单，出现如图 2C-13 所示的窗口，此时窗口右侧显示提示信息。

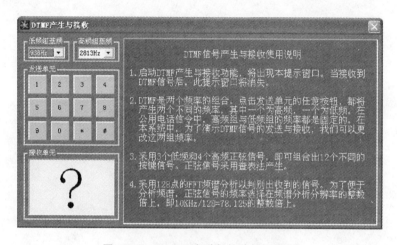

**图 2C-13　DTMF 发送与接收操作界面**

（3）点击发送单元的数字按钮，观察示波器上的波形。此时窗口右侧的提示信息消失，取而代之以发送 DTMF 信号的频谱图。

（4）观察接收单元显示的符号是否与发送的符号一致。

（5）重新点击发送单元的另一按钮，观察频谱及接收单元的字符。

（6）更改高频组基频与低频组基频，观察频谱及接收单元的字符。

（7）如不需要观察频谱，可点击【关闭频谱显示】按钮关闭 FFT 频谱分析与显示。

## 实验仪器设备

（1）双踪示波器。

（2）IST-B 智能信号测试仪。

（3）双踪示波器。

（4）多路稳压电源。

 思考题

（1）DTMF 信号的频谱应具有何种特征？

（2）本实验的高频组基频与低频组基频为何选择这些特殊值？

# 实验八

# 有限精度处理的影响

## 实验目的

学习并观察有限处理精度对数字信号处理运算结果的影响。

## 实验原理

在理论推导的时候,我们都假定数字运算是无限精度的。但是,在实际应用中,任何一个数字系统,不论是由专用硬件构成的还是由通用计算机实现的,不管采用何种运算类型,它表示的每个数总是用有限长的数码来表达,这种有限长的数当然是有限精度的,因此,必然会带来一定的误差,误差的大小与数字系统中的数字的表示方式和量化方式有关。不论采取定点还是浮点的乘法和加法,运算完毕都会使字长增加,例如原来是 $b$ 位字长,运算后成为 $b_1$ 位字长,因而需要将 $b_1$ 位字长再缩减为 $b$ 位字长,即进行量化处理。量化方式最常用的有两种,即截尾和舍入处理,这两种处理所产生的误差是不一样的。

以 FIR 滤波器为例,在 FIR 滤波器设计时求得的滤波器系数为双精度值(64位)。在 FIR 滤波器实验中,直接将这些系数下载到 DSP 芯片中,由于 DSP 芯片采用浮点芯片,因此其精度非常高。假设下载的芯片为定点 DSP 芯片,就不能直接下载这些系数,而是将其按统一的 $Q$ 值换算成整数值。由于这些系数的变化范围较大,因此 $Q$ 值的选取是较困难的。在重新量化时产生的误差是不可避免的,且不同的系数产生的误差是不一致的。

本实验将计算好的 FIR 系数重新量化后下载到实验箱中。

## 实验任务

（1）观察不同量化位数对应的幅频特性与相频特性。

（2）下载观察实际的滤波器性能。

## 实验任务和步骤

（1）用低频信号发生器或 IST-B 智能信号测试仪产生正弦信号，加到实验箱模拟通道 1 的输入端，同时将示波器探头接至模拟通道 1 的输出端。

（2）在保证实验箱正确加电且串口电缆连接正常的情况下，运行数字信号处理与现代通信技术实验开发软件，在数字信号处理实验菜单下选择"有限处理精度的影响"子菜单，出现如图 2C-14 所示的窗口。

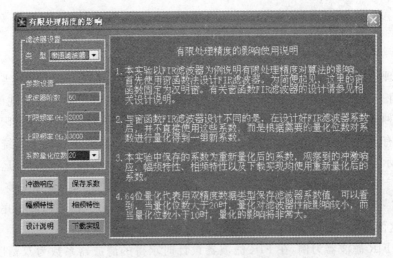

图 2C-14　有限处理精度的影响操作界面

（3）点击【冲激响应】、【幅频特性】和【相频特性】按钮观察滤波器特性。此时窗口右侧的提示信息消失，取而代之的是各种响应图形，如图 2C-15 所示。

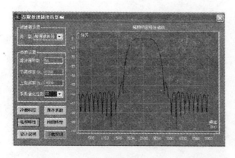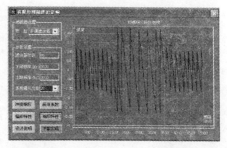

图 2C-15 滤波器性能

171

（4）点击【下载实现】按钮下载系数到实验箱。

（5）调节信号源频率，观察示波器上波形变化。

（6）用 IST-B 智能信号测试仪或扫频仪测量滤波器的频响特性。

（7）更改系数量化位数，重复步骤（3）—步骤（6）。

（8）如需保存系数，可点击【保存系数】按钮保存系数。

 实验仪器设备

（1）双踪示波器。

（2）IST-B 智能信号测试仪。

（3）低频信号发生器。

（4）多路稳压电源。

（5）扫频仪。

 思考题

（1）不同系数量化位数对滤波器性能有何影响？

（2）如果选择定点 DSP，应如何开展本实验？

# 第 3 篇

# 信号与系统仿真实验

# A 信号处理的计算机仿真

随着电子技术的发展,电路中元器件的种类越来越多,集成度越来越高,电路设计的复杂程度也越来越高,电子产品的更新周期越来越短。依靠传统的设计方法完成电路的功能设计、逻辑设计、性能分析、时序测试直至印刷电路板的设计与调试,不仅设计周期过长,而且经济性能不高。

在现代电子线路设计和信号处理中,利用相关的软件进行计算机仿真,可以提高设计效率,排除设计缺陷,缩短设计周期,降低设计成本。目前,可以使用的仿真软件较多,如 EWB,Multisim 及 Matlab 等,本章主要介绍 EWB 的使用,在此基础上可以进一步学习其他仿真软件的操作方法,掌握仿真软件的使用技巧。

【信号与系统实验教程】

# 虚拟电路实验平台EWB

如今的电子产品设计已与计算机系统紧密相连,借助电子设计自动化(Electronic Design Automation,EDA)软件可以完成传统的设计,还可以进行多种测试,如元器件的老化实验、印制板的温度分布和电磁兼容性测试等。

虚拟电路实验平台是一种在计算机上运行电路仿真软件来模拟硬件实验的工作平台。仿真软件可以逼真地模拟各种电路的元器件以及仪器仪表,不需要任何真实的元器件与仪器仪表就可以进行相关课程的实验。这一平台具有功能全、成本低、效率高、易学易用以及便于自学、便于开展综合性或设计性实验等优点。它不仅可以作为现行的各种实验的一种补充与替代手段,而且可以作为复杂的电路系统的设计、仿真与验证的实用手段,可实现电路与系统的 EDA(Electronics Workbench)。

EWB 是加拿大 Interactive Image Techologies 公司推出的一种典型的虚拟电路实验平台。用该平台进行实验,不存在实验仪器的损坏、元器件种类和数量的不足、购置高档仪器(如逻辑分析仪、扫频仪等)经费的匮乏等问题。

### 1. EWB 的组成和特点

#### 1) EWB 的组成

EWB 以著名的 SPICE 为基础,由电路图编辑器(Schematic Editor)、SPICE3F5 仿真器(Simulator)、波形产生与分析器(Wave Generator & Analyzer)3 部分集成。仿真器为核心部分,采用最新版本的电路仿真软件 SPECE3F5,这是一种 32 位的交互式增强型仿真器。所谓交互式,即在仿真过程中可接受用户的修改操作,从而使得在虚拟实验平台上的实验操作感十分逼近真实的实验环境。

仿真器还具有下列优点:

① 支持 Native 模式的数字以及模拟与数字混合的仿真。

② 能自动插入信号变换接口。

③ 支持层次化电路模块的多次重用。

④ 采用 GMIN 步进算法改进了收敛。

⑤ 对仿真的电路规模与复杂性均无预定的限制。

#### 2) EWB 的特点

EWB 具有以下主要特点:

(1) EWB 提供了简单、直观的操作界面,绝大部分操作通过鼠标的拖放即可完成,连接导线的走向及排列由系统自动完成,十分方便。

(2) EWB 提供了种类丰富、数量众多的元器件,共计 4 000 多种,模型超过 1 万个。大多数元器件模型参数可设置为理想值,给电路原理的验证带来了方便。另外,元器件库结构为开放型,根据需要可方便地新建或扩建。

(3) EWB 提供了具有很高技术指标的测量仪器,其外观、面板布置以及操作方法与实际仪器十分接近,使用方便,易于掌握。

(4) EWB 提供了强大的分析功能,包括交流分析、瞬态分析、温度扫描分析、传递函数分析及蒙特卡洛分析等 14 种功能。此外,还可在电路中设置人为故障,如开路、短路及不同程度的漏电等,观察电路的不同状态,以加深对基本概念的理解。

(5) EWB 提供了与其他软件的接口。可输入标准 SPICE 网表,并由系统自动将其转换为清晰易读的电路图,也可将在 EWB 中设计好的电路图转换成其他 SPICE 仿真器所要求的格式,或送到诸如 Protel,CAD,PADS 等 PCB 绘图软件中绘制 PCB 板图。利用剪贴、粘贴功能可将电路和分析图送到文字处理软件中,以制成高质量的实验报告或实现分组联合设计。

175

## 2. EWB 的基本操作界面

启动 EWB 后,系统进入操作窗口,如图 3A-1 所示。

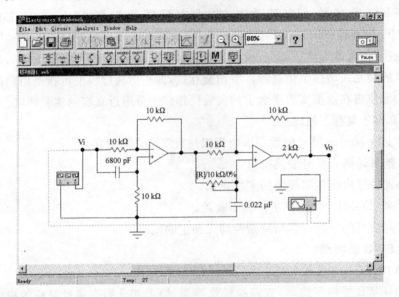

**图 3A-1  EWB 的操作界面**

EWB 的操作界面包括以下几部分。

(1) 电路窗口:该区域为 EWB 的主要工作区域,所有电路的输入、连接、测试及仿真均在该区域内完成。

(2) 电路描述区:该区域位于电路窗口的下方,根据需要,其大小可以调整。在该区域中可以给电路加上必要的注释与说明,以帮助使用者更清楚地理解电路的特性。

(3) 菜单栏:该区域位于电路窗口上方,为下拉式菜单,共分为 6 类,包括 File (文件)、Edit(编辑)、Circuit(电路)、Analysis(分析)、Window(窗口)、Help(帮助)。

(4) 工具栏:像大多数 Windows 应用程序一样,EWB 将一些常用的功能以图标的形式排列成一条工具栏,以便用户使用。

(5) 元器件库和仪器库栏:在电路窗口上方以图标形式给出 EWB 中可用的元器件库和仪器库。

单 元 二

# EWB的菜单

EWB 的菜单包括文件菜单、编辑菜单、电路菜单、分析菜单、窗口菜单以及帮助。

## 1. 文件菜单

文件菜单(File)中包括新建、打开、保存、输入、输出、还原、打印、退出等与文件操作相关的选项内容,如图 3A-2 所示。主要的菜单项在工具栏中有相应的图标。

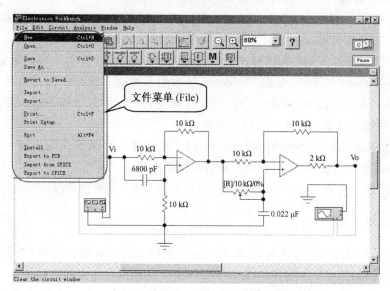

**图 3A-2　EWB 的文件菜单**

（1）新建文件(New)：快捷键为【Ctrl＋N】。打开一个无标题的电路窗口,可用于创建一个新的电路。如果对当前电路做了改动,则在退出该窗口时将会出现命名提示且保存当前电路。当启动 EWB 时,总是自动打开一个新的无标题(Unitile)电路窗口。

（2）打开文件（Open）：快捷键为【Ctrl＋O】。用于打开一个已存在的电路文件，单击后将显示一个标准的打开文件对话框，可通过改变路径或驱动器找到所需的文件。注意，对于 Windows 用户，只能打开扩展名为. ca，. ca3，. cd3，. ca4 或. ewb的文件。

（3）保存文件（Save）：快捷键为【Ctrl＋S】。用于保存当前编辑的电路文件，单击后将显示一个标准的保存文件对话框，可根据需要选择所需的路径或驱动器。对于 Windows 用户，文件的扩展名将会被自动定义为. ewb。

（4）另存为（Save As）：当前电路用一个新文件名保存，原始电路并未被改变。用这个命令在一个已存在的电路上进行实验比较安全。

（5）还原（Revert to Saved）：将当前电路还原成最后一次保存时的状态，当前所做的修改将丢失。

（6）输入（Import）：用于输入一个 SPICE 的网表（文件扩展名为. net 或. cir），并将其转换为电路图。

（7）输出（Export）：对于 Windows 用户，需将电路文件保存为扩展名为. net，. scr，. cmp，. cir 或. plc 的文件格式，以供其他程序使用。

（8）打印（Print）：快捷键为【Ctrl＋P】。单击后将弹出一个对话框，可根据需要选择要打印的内容。

（9）打印设置（Print Setup）：单击后将显示一个标准的打印设置对话框，该对话框是 Windows 自带的，根据 Windows 版本的不同略有差异。因为电路连接时通常都是宽度大于高度，因此"方向"栏应选择"横向"。如果电路超过一张纸的打印范围，系统将自动延伸至全部打印完毕。

（10）退出（Exit）：快捷键为【Alt＋F4】。其功能是关闭当前电路窗口并退出EWB，如果电路已被修改，将会提示是否保存该电路。

此外，还包含安装（Install）菜单项，用于安装 EWB 的附加产品。

### 2. 编辑菜单

编辑菜单（Edit）中包括剪切、复制、粘贴、删除、全选、复制为位图、查看剪贴板等选项内容，如图 3A-3 所示，主要的菜单项在工具栏中有相应的图标。

（1）剪切（Cut）：快捷键为【Ctrl＋X】。用于除去所选择的元件、电路或文本，被除去的内容将存放在剪切板上，可根据需要将其"粘贴"到其他地方。注意，所剪切的内容中不能含有仪器图标。

（2）复制（Copy）：快捷键为【Ctrl＋C】。用于复制所选择的元件、电路或文本，复制的内容被存放在剪切板上，用"粘贴"命令可将其复制到其他地方。同样，复制的内容中不能含有仪器图标。

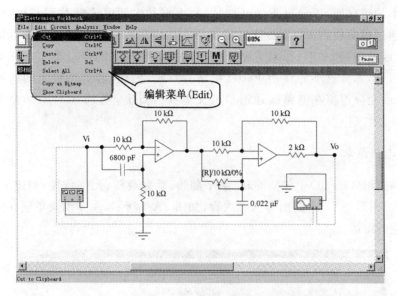

图 3A-3　EWB 的编辑菜单

（3）粘贴（Paste）：快捷键为【Ctrl＋V】。用于将剪贴板上的内容粘贴在被击活的窗口中,粘贴后剪贴板上的内容仍然存在。剪贴板上的内容可以是元件或文本,其类型必须与粘贴位置具有的类型一致,例如,不能将元件粘贴到电路描述窗口。注意,如果剪贴板上的内容是以位图形式复制（Copy As Bitmap）的,将不能粘贴在EWB 中。

（4）删除（Delete）：快捷键为【Del】键。用于永久性地除去所选定的元件、电路或文本,被删内容并不放在剪贴板上,因而不影响剪贴板上的当前内容。用此命令删除的信息将不可能被恢复,因此应小心使用删除命令。注意,删除一个元件或仪器是将它们从当前电路窗口上除去,并不是从元器件库或仪器库中删除。

（5）全部选定（Select All）：用于选定激活窗口中的全部项目,包括电路窗口、子电路窗口或电路描述窗口。如果选定的项目中含有仪器,将不能使用 Copy（复制）和 Cut（剪切）命令。若要选择较多项目,可以先全部选定,然后按住【Ctrl】键,再用鼠标左键单击不想选定的目标即可。

（6）复制成位图（Copy As Bitmap）：用于将项目以位图的格式复制到剪贴板上,这样就可以将其用在字处理及排版软件中。

复制成位图的步骤：单击 Edit 菜单中的 Copy As Bitmap 命令,光标变为十字形;按住并拖拽鼠标左键,形成一个矩形,大小根据所需复制的内容而定;再松开鼠标左键。

（7）查看剪贴板（Show Clipboard）：用于显示剪贴板内容。剪贴板是一个元件或文本的暂存地,可通过 Paste(粘贴)命令将其中的内容粘贴到其他电路中,也可以通过剪贴板将 EWB 的信息传送到其他应用程序中。剪贴板上可保留图形(元件或电路)和文本,如果剪贴板是空的或剪贴板上的信息类型不能被用于激活窗口中,那么就不能使用 Paste(粘贴)命令。例如,若剪贴板上的内容中含有元件,而光标停留在电路描述窗口的文本插入点上,则 Paste(粘贴)命令将变为灰色。

### 3. 电路菜单

电路菜单(Circuit)中包括旋转、水平翻转、垂直翻转、元件特性、创建子电路、图形放大、图形缩小、电路图等选项内容,如图 3A-4 所示,主要的菜单项在工具栏中有相应的图标。

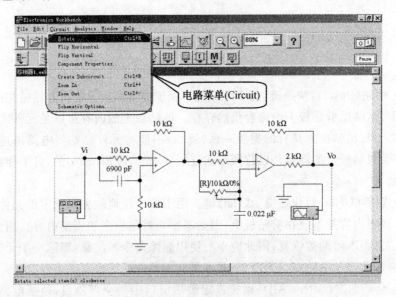

**图 3A-4　EWB 的电路菜单**

(1) 旋转(Rotate):快捷键为【Ctrl＋R】。单击将使被选择的元件逆时针旋转 $90°$,与元件相关的文字,如标号、数值以及模型信息也将重新放置,但并不旋转。另外,与元件相连的导线也将自动变换走向。而当旋转安培表(Ammeter)和伏特表(Voltmeter)时,只使它们的接线端子产生旋转。

(2) 水平翻转(Flip Horizontal):该命令的功能是使电路窗口中被选择的元件水平翻转 $180°$,与元件相关的文字和与元件相连的导线的变化形式与 Rotate(旋转)相同。

(3) 垂直翻转(Flip Vertical):该命令的功能是使电路窗口中被选择的元件垂

直翻转 180°,与元件相关的文字和与元件相连的导线的变化形式与 Rotate(旋转)相同。

（4）元件特性（Component Properties）：该功能是查看所选元件的特性,也可用鼠标左键双击该元件。如果用单击鼠标右键得到的快捷菜单中的元件特性（Component Properties）命令,那在同一电路中以后所用到的所有同类元件的特性都将被赋以缺省值,但并不影响已经存在的元件。

如电阻特性对话框如图 3A-5 所示。

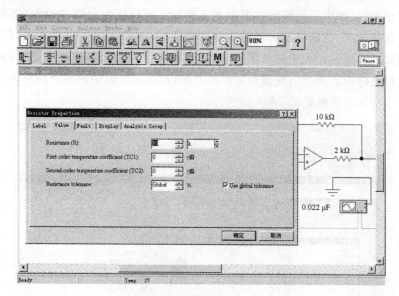

**图 3A-5　EWB 的电阻特性对话框**

元件特性对话框中的选项根据所选元件的不同可能略有差异,主要包括标号、数值、模型、电路图选项栏、节点、故障、显示、分析设置等选项。

① 标号（Label）：快捷键为【Ctrl＋L】,该选项用于设置或改变元件的标识（Label）和参考编号（Reference ID）,导线和接地端没有编号。在电路窗口中,要选择电路图上是否出现元件标识和参考编号,可使用电路图选项（Schematic Options）对话框中的显示/隐藏（Show/Hide）选项。

当旋转或翻转元件时,它的标识位置可能会发生变化,如果此时有一根导线叠加在标识上,可以通过在输入的标识前面加若干空格的方法解决。除了标识外,若还要给电路加上一些文字说明,则可通过窗口（Window）菜单选择进入电路描述区域。注意,参考编号是由系统自动分配给每个元件的,不能被删除,且具有唯一性,必要时可以进行修改,但必须保证不能有重复。

② 数值（Value）：快捷键为【Ctrl＋U】,该选项用于设置元件的数值。根据元

件种类的不同,设置的数值也不同。例如,对于电阻(Resistor),除了需设置阻值(R)外,还需设置其一阶温度系数(TC1)和二阶温度系数(TC2)。关于选择电路图上是否出现元件数值的方法,可参见电路图选项中的相关设置。另外,由于 EWB 为纯西文软件,在中文系统中有些字符可能显示不出来(如希腊字母 Ω 等),或显示出一些异常字符(如 TC1 的单位 Ω/℃ ,TC2 的单位 Ω/℃$^2$ ,$\mu$ 等),这是因为操作系统不兼容的问题,属正常现象。

③ 模型(Models):快捷键为【Ctrl+M】,该选项用于选择元件的模型或型号,也可用于编辑、添加或删除元件模型和元件库。元件模型的缺省设置(Default)为理想化(Ideal)的,这能满足大多数电路仿真(Circuit Simulation)的要求,同时也能加快仿真的速度。如果想提高实验结果的精度,也可以选择某一个具体的真实型号。选择电路图上是否出现模型名称的方法,可参见电路图选项中的相关设置。

模型特性对话框如图 3A-6 所示。

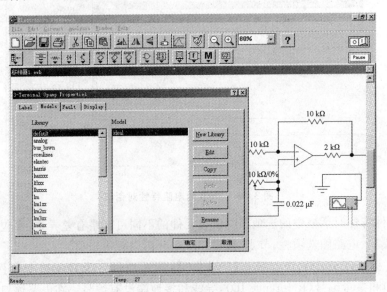

**图 3A-6　EWB 的模型对话框**

④ 电路图选项栏(Schematic Options Tab):位于导线特性(Wire Properties)对话框中,其功能是用于设置导线颜色,通过鼠标左键双击导线即可打开该对话框。如果在节点(Node)选项中设置过节点的颜色,则对此导线颜色的设置将不起作用。

⑤ 节点(Node):该选项由显示选项和分析两部分组成。显示选项(Display Option)可选择是否显示节点编号(Node ID),该编号是由系统分配给每个节点的名称,另外还可设置节点颜色。分析(Analysis)可选择是使用同样测试点还是使

用初始条件。若是选择使用初始条件(Use Initial Conditions)选项,则需另外设定两个数值,一个是进行瞬态分析(Transient Analysis)时的参考电压,另一个是直流工作点(DC Operating Point)的电压。

节点特性对话框如图 3A-7 所示。

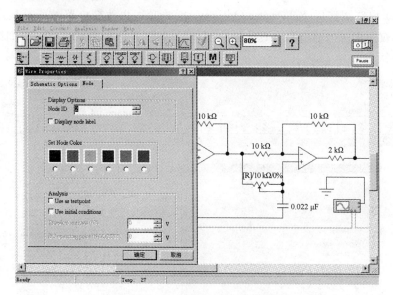

**图 3A-7　EWB 的节点特性对话框**

⑥ 故障(Fault):快捷键为【Ctrl+F】,使用该功能可以在一个元件的引脚上设置故障。故障类型有漏电流、短路和开路 3 种。漏电流(Leakage)是在所选元件的两端并联一个一定数值的电阻,从而使通过该元件的电流数值减小;短路(Short)是在所选元件的两端并联一个数值很小的电阻,从而使该元件失效;开路(Open)是在所选元件的某一端串联一个数值很大的电阻,就像连接到该端的接地线断开一样。

⑦ 显示(Display):用于显示元件的标识(Label)、数值(Value)和参考编号(Reference ID)。缺省设置是使用电路图选项中的全局设定。若不使用缺省设置,则所做的设置仅在该电路中有效。

⑧ 分析设置(Analysis Setup):该选项可设置进行电路分析时的环境温度,缺省值为 27 ℃。有些可能显示另外的参数,如初始条件等。

(5) 创建子电路(Create Subcircuit):可将整个电路或电路中的一部分定义为一个子电路(Subcircuit),实际上相当于增加了一个新的集成电路,可以选择是从电路中复制(Copy)、移去(Move)或用框图替换(Replace)。这些子电路可以存放在自定义元件(Favorites)库中供以后使用。

（6）图像放大（Zoom In）：快捷键为【Ctrl＋"＋"】。其功能是可将电路窗口中的图形放大。

（7）图像缩小（Zoom Out）：快捷键为【Ctrl＋"－"】。其功能是可将电路窗口中的图形缩小。

（8）电路图选项（Schematic Options）：该选项可以改变电路的所有显示，但这些改变仅适用于当前电路。具体的选项包括网格、显示和隐藏、字体等，如图 3A-8 所示。

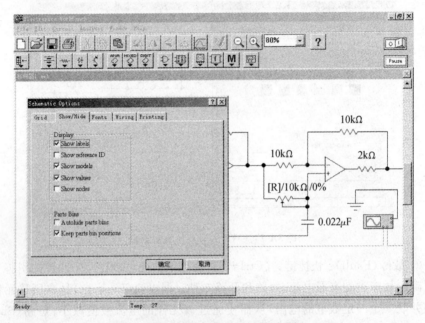

图 3A-8　EWB 的电路图选项对话框

网格（Grid）选项可选择电路窗口的背景是否使用网格，使用网格的优点是便于器件的排列和定位。

显示/隐藏（Show/Hide）选项可以选择显示或隐藏电路中元件的标识、参考编号、模型、数值、节点编号以及元件库等。

字体（Font）选项用于设置标识和数值的字体。

（9）限制（Restrictions）：快捷键为【Ctrl＋I】。通过该选项可对电路的某些功能加以限制，主要包括总体限制、元件限制和分析功能限制等选项。

总体（General）限制选项用于设置电路口令和电路图是否只读。

元件（Components）限制选项可选择是否隐藏故障、是否给子电路加锁、是否隐藏元件数值以及是否隐藏元件库。

分析（Analysis）功能限制选项可用来选择哪些分析功能可用。

#### 4. 分析菜单

分析菜单(Analysis)中包括激活、暂停和恢复、停止、分析选项、具体分析功能、显示图形等内容,如图 3A-9 所示,主要的菜单项在工具栏中有相应的图标。

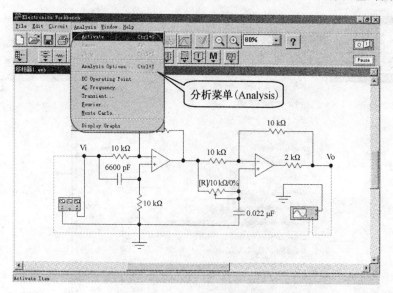

图 3A-9　EWB 的分析菜单

(1) 激活(Activate):快捷键为【Ctrl+G】。选择此命令可使仿真程序运行(相当于给电路接通了电源),同时将对电路测试点的数值进行计算,也可激活来自字发生器的数字电路,也可通过界面右上角的开关实现仿真运行。

(2) 暂停/恢复(Pause/Resume):快捷键为【F9】。其功能是暂时中断或恢复电路的仿真过程。利用此命令可根据仿真或显示波形随时方便地调整电路的参数和仪器设置,也可通过界面右上角的【Pause】按钮实现。

(3) 停止(Stop):快捷键为【Ctrl+T】。其功能是停止仿真过程(相当于切断电路电源),也可通过界面右上角的开关实现。

(4) 分析选项(Analysis Options):快捷键为【Ctrl+Y】。EWB 可对电路的仿真过程加以控制,如重设误差容限、选择仿真方法及观测仿真结果等。单击该命令将弹出一个对话框,内有多个选项,大多数的选项都有缺省值(Default Values)。

具体选项包括全局(Global)分析选项、直流(DC)分析选项、瞬态(Transient)分析选项、器件(Device)分析选项、仪器(Instruments)分析选项等内容。

① 全局(Global)分析选项:主要包括电流绝对容差(ABSTOL)、最小电导(GMIN)、主元相对系数(PIVREL)、主元绝对容差(PIVTOL)、相对误差容限

（RELTOL）、仿真温度（TEMP）、电压绝对容差（VNTOL）、电荷容差（CHGTOL）、斜升时间（RAMPTIME）、相对收敛步长极限（CONVSTEP）、绝对收敛步长极限（CONVABSSTEP）、收敛极限（CONVLIMIT）、模拟节点分流电阻（RSHUNT）、仿真临时文件容量（Mb）等 14 项内容，如图 3A-10 所示。

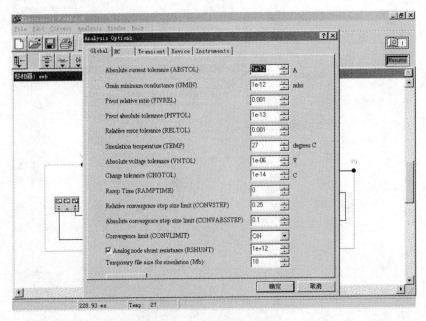

**图 3A-10　EWB 的分析选项 1**

② 直流（DC）分析选项：主要包括工作点分析迭代极限（ITL1）、Gmin 步进算法步长（GMINSTEPS）、Source 步进算法步长（SRCSTEPS）等 3 项内容，如图 3A-11所示。

③ 瞬态（Transient）分析选项：主要包括瞬态时间点迭代极限（ITL4）、积分法的最大阶数（MAXORD）、瞬态误差容限系数（TRTOL）、瞬态分析积分方法（METHOD）、打印统计数据（ACCT）等 5 项内容，如图 3A-12 所示。

④ 器件（Device）分析选项：主要包括 MOSFET 漏极扩散区面积（DEFAD）、MOSFET 源极扩散区面积（DEFAS）、MOSFET 沟道长度（DEFL）、MOSFET 沟道宽度（DEFW）、模型参数常态温度（TNOM）、旁路以非线性模型求值器件（BYPASS）、紧密传输数据（TRYTOCOMPACT）等 7 项内容，如图 3A-13 所示。

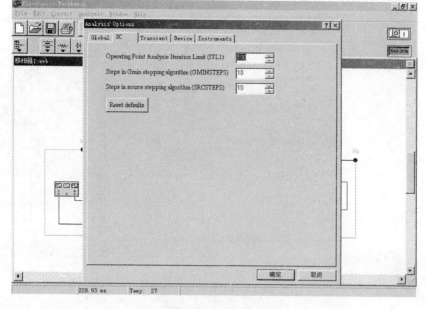

图 3A-11　EWB 的分析选项 2

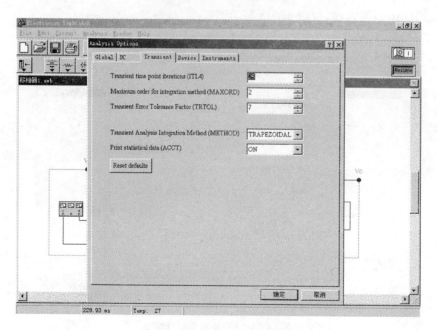

图 3A-12　EWB 的分析选项 3

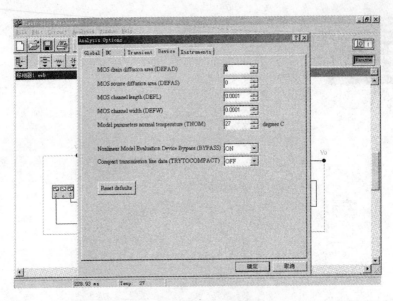

**图 3A-13　EWB 的分析选项 4**

⑤ 仪器(Instruments)分析选项：主要包括示波器(Oscilloscope)、波特绘图仪(Bode Plotter)等内容，如图 3A-14 所示。

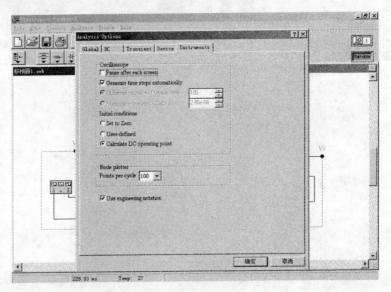

**图 3A-14　EWB 的分析选项 5**

（5）具体分析功能：在该菜单中共有 13 种分析功能可供选择。

（6）显示图形(Display Graphs)：分析图表窗口是一个多功能显示工具。通过

分析图表窗口可以观察、调节和保存图形（Graph）和表格（Chart），如图 3A-15
所示。

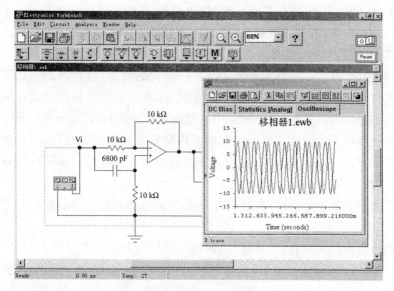

**图 3A-15　EWB 显示图形窗口**

　　该窗口用于显示 EWB 中所有分析功能所生成的图形和表格；示波器和波特
仪上的轨迹图、错误逻辑图（用于显示模拟过程中出现的所有的错误和警告信息）、
模拟统计图（在分析菜单的分析选项对话框中点中 Transient Tab 使 Print Statis-
tical Data 选项有效）。

　　显示的形式可为图形和表格。在图形中数据显示为坐标平面内的一条或多条
曲线，在表格中数据以行值或列值的形式出现。分析图表窗口由若干张标签页构
成，每张标签页代表在当前电路中所执行过的某种分析功能。

　　① 激活、关闭显示图形窗口。

　　可通过下列方法实现：执行仿真功能时，分析图表窗口会自动出现。也可通过
执行其他操作来激活显示图形窗口，如单击任一分析功能对话框中的仿真按钮；选
择分析菜单栏中的直流工作点分析（DC Operating Point），选中该分析时不会弹出
对话框，当分析完成时出现分析表格；选择分析菜单栏中的显示图形选项；单击
EWB 操作界面上快捷工具具条中的【显示图形】按钮。若要关闭显示图形窗口，可单
击窗口右上角的【关闭】按钮或再次点击分析菜单中的"菜单"选项。

　　② 显示图形窗口中的视图。

　　表现方法：对同一电路所执行的每一种分析，其结果都将出现在不同的页面
上。单击标签将显示对应的显示页，当有效空间内有多张显示页时，可通过标签右

边的箭头按钮向前或向后翻页。改变页的属性可单击标签选中一页或单击【属性(Properties)】按钮,弹出属性对话框。可改变的内容包括表格名称,用于修改 Tab Name 区的内容;图形或表格的标题,用于修改 Title 区;标题的字体,通过单击【Font】按钮进行修改;页的背景色,可通过单击【Color】按钮修改。

③ 显示图形的辅助工具。

网格、游标、波形曲线标示等便于分析图形化的数据,这些辅助工具可单独或组合起来使用。图形中的任何部分都可以放大,在显示图形属性对话框中还可以修改图形的一些显示属性,但必须选中一张图形后才能打开"Graph Properties"对话框或是使用相关的按钮。显示图形的常用辅助工具包括网格(Grid)、波形曲线的标示(Legend)、标题(Title)、游标(Cursor)、放大并保存(Zoom&Restore)、坐标轴(Axis)、波形(Trace)等 7 个。

为了便于观察和分析,可重新定义表格,可以选择按行排序、调节列的宽度、改变精确度、添加标题等。

图形分析窗口允许剪切、复制并粘贴页、图形和表格。需要注意的是,必须使用该窗口中的【剪切】、【复制】、【粘贴】按钮,而不能使用 EWB 的菜单选项和键盘上的快捷方式。其操作方法与 Windows 软件类同。在剪切、复制、粘贴页时,选中页后(红箭头指向该标签),剪切、复制、粘贴操作只影响页的属性,对页面上的图形和表格并不影响。在剪切、复制、粘贴图形和表格时,图形和表格被选中后(红箭头指向图形或表格),剪切、复制、粘贴操作只影响所选中的图形和表格的属性,而对整个页面属性没有影响。

在显示图形窗口中还有其他一些文件操作功能按钮,如新建(New)、打开(Open)、保存(Save)、打印(Print)及打印预览(Print Preview)等功能,它们的操作方法与 Windows 软件基本相同。显示图形中图形文件的后缀为". gra"。

### 5. 窗口菜单

窗口菜单(Window)中包括排列窗口、电路、描述等项内容,如图 3A-16 所示。

(1)排列窗口(Arrange):快捷键为【Ctrl+W】。此功能可灵活地排列打开的窗口。

(2)电路(Circuit):此功能可将电路窗口置于前面。

(3)描述(Description):快捷键为【Ctrl+D】。此功能可打开电路描述窗口,如果电路描述窗口已经打开,则将其置于前面。可以在该窗口中加入注释或说明,也可将其他电路描述窗口或应用程序中的文本粘贴(Paste)进来。

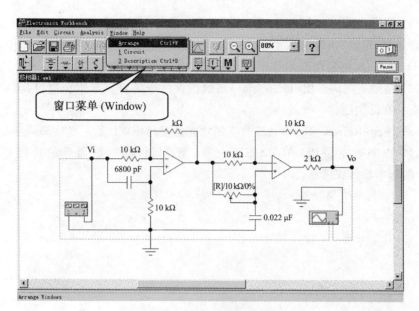

图 3A-16　EWB 的窗口菜单

### 6. 帮助菜单

帮助菜单(Help)主要包括帮助信息,选择 Help 命令后,将出现下拉菜单命令,如图 3A-17 所示。

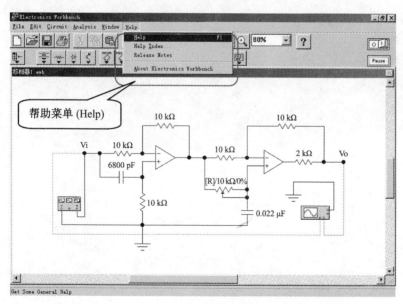

图 3A-17　EWB 的帮助菜单

（1）帮助（Help）：快捷键为【F1】。当操作者没有选定任何内容时，选择 Help，屏幕将显示"帮助"内容的各主题索引。若已经选定工作界面中的元件和仪器，再执行 Help 命令，屏幕将显示选定的元件或仪器的相关帮助信息。

（2）帮助主题词索引（Help Index）：执行该命令后将显示索引窗口，可根据关键字查找帮助主题。

（3）注释（Release Notes）：该命令的功能是显示 EWB 的一些注解信息。

（4）程序版本说明（About Electronic Workbench）：该命令的功能是显示 EWB 的版本和版权信息。

# 单元三

# 元器件和仪器的调用

## 1. 元器件库和仪器库

EWB 的元器件库和仪器库(Part Bin)提供了非常丰富的元件、器件及各种常用测试仪器,为电路仿真实验提供了极大的方便。

元器件库包括信号源库、基本元件库、二极管库、晶体管库、模拟集成电路库、混合集成电路库、数字集成电路库、逻辑门电路库、数字器件库、显示器件库、控制器件库、其他器件库等,如图 3A-18 所示。除此以外,还包括自定义元件库。自定义元件库也称子电路(Subcircuit),可以使复杂电路的设计模块化、层次化,提高电路的设计效率。

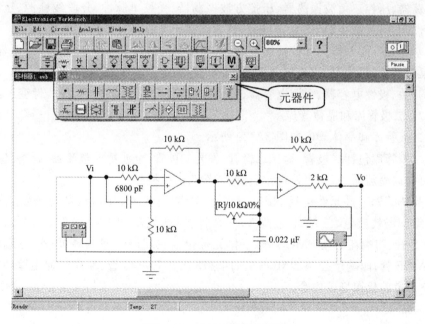

图 3A-18　EWB 的元器件库

### 1）信号源库和基本元件库

信号源库和基本元件库如图 3A-19 所示。

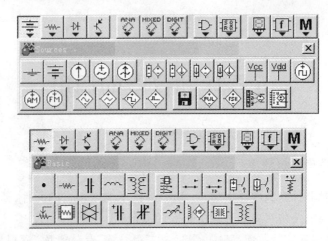

**图 3A-19　EWB 的信号源和基本元件库**

信号源库上排元件包括接地、直流电压源、直流电流源、交流电压源、交流电流源、电压控制电压源、电压控制电流源、电流控制电压源、电流控制电流源、+5 V电压源 $V_{CC}$、+15 V 电压源 $V_{DD}$、时钟源；下排元件包括调幅源、调频源、压控正弦波振荡器、压控三角波振荡器、压控方波振荡器、受控单脉冲、分段线性源、压控分段线性源、频移键控源 FSK、多项式源、非线性相关源。

基本元件库上排元件包括连接点、电阻器、电容器、电感器、变压器、继电器、开关、延时开关、压控开关、流控开关、上拉电阻；下排元件包括电位器、排电阻、压控模拟开关、极性电容器、可调电容器、可调电感器、无芯线圈、磁芯、非线性变压器。

### 2）二极管库和晶体管库

二极管库和晶体管库如图 3A-20 所示。

二极管库包括二极管、稳压二极管、发光二极管、全波桥式整流器、肖特基二极管、可控硅整流器、双向可控硅二极管、三端双向可控硅。

晶体管库上排元件包括 NPN 三极管、PNP 三极管、N 沟道结型场效应管、P沟道结型场效应管、三端耗尽型 NMOS 管、三端耗尽型 PMOS 管、四端耗尽型NMOS 管、四端耗尽型 PMOS 管；下排元件包括三端增强型 NMOS 管、三端增强型 PMOS 管、四端增强型 NMOS 管、四端增强型 PMOS 管、N 沟道砷化镓场效应管、P 沟道砷化镓场效应管。

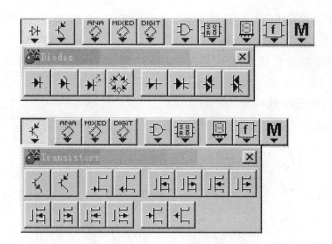

**图 3A-20　EWB 的二极管和晶体管库**

### 3）模拟、混合和数字集成电路库

模拟、混合和数字集成电路库如图 3A-21 所示。

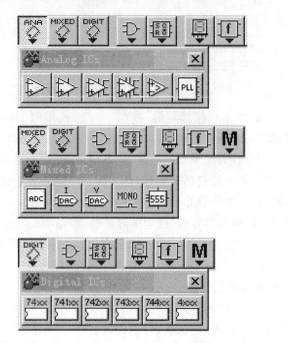

**图 3A-21　EWB 的模拟、混合和数字集成电路库**

模拟集成电路库包括三端运放、五端运放、七端运放、九端运放、比较器、锁相环。

混合集成电路库包括 A/D 转换器、电流输出 D/A 转换器、电压输出 A/D 转换器、单稳态触发器、555 定时器。

数字集成电路库包括 74××系列、741××系列、742××系列、743××系列、744××系列、4×××系列集成电路。

**4）逻辑门和数字器件库**

逻辑门和数字器件库如图 3A-22 所示。

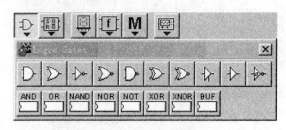

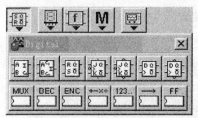

**图 3A-22　EWB 的逻辑门和数字器件库**

逻辑门电路库上排元件包括与门、或门、非门、或非门、与非门、异或门、同或门、三态缓冲器、缓冲器、施密斯触发器；下排元件包括与门芯片、或门芯片、与非门芯片、或非门芯片、非门芯片、异或门芯片、同或门芯片、缓冲器芯片。

数字器件库的上排元件包括半加器、全加器、RS 触发器、JK 触发器 I 型（高电平异步预置/清零）、JK 触发器 II 型（低电平异步预置/清零）、D 触发器 I 型（高电平异步预置/清零）、D 触发器 II 型（低电平异步预置/清零）。

数字器件库的下排元件包括多路选择器芯片、多路分配器芯片、编码器芯片、算术运算器芯片、计数器芯片、移位寄存器芯片、触发器芯片。

**5）显示、控制和其他器件库**

显示、控制和其他器件库如图 3A-23 所示。

显示器件库包括电压表、电流表、灯泡、彩色指示灯、七段数码管、译码数码管、蜂鸣器、条形光柱、译码条形光柱。

控制器件库包括电压微分器、电压积分器、电压比例模块、传递函数模块、乘法器、除法器、三端电压加法器、电压限幅器、压控限幅器、电流限幅器模块、电压滞回模块、电压变化率模块。

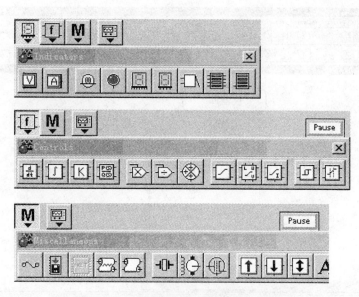

图 3A-23　EWB 的显示、控制和其他器件库

　　其他器件库中主要包括熔断器、数据写入器、子电路网表、有耗传输线、无耗传输线、晶振体、电流电机、真空三极管、开关式升压变压器、开关式降压变压器、开关式升降压变压器等器件。

### 6) 自定义元件库

　　自定义元件库也称为子电路(Subcircuit)，位于标准元器件库的左侧。熟练和正确使用子电路可以使复杂电路的设计模块化和层次化，从而提高设计效率和设计电路的简洁性和可读性，还可供其他设计重复使用。

### 7) 仪器库

　　仪器库所含的仪器包括万用表、函数信号发生器、示波器、波特图仪、字信号发生器、逻辑分析仪和逻辑转换仪等，如图 3A-24 所示。

　　单击元件库栏的某一个图标即可打开该元件库。将所需元器件或仪器拖拽到电路连接窗口即可使用。关于它们的功能和使用方法，可使用在线帮助功能查阅有关的内容。

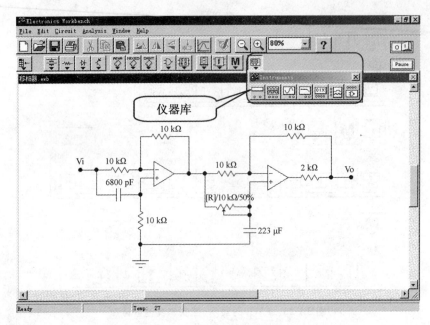

图 3A-24　EWB 的仪器库

## 2. EWB 中元件的使用

### 1) 元件选用

用鼠标左键单击所需元件库图标,打开该元件库,然后从库中将所需元件拖拽到电路窗口中。同一元件可重复拖拽,连续使用。

### 2) 选中元件

若要选中某个元件,只需用鼠标左键单击该元件即可;若要选中多个元件,可用Ctrl+鼠标左键单击依次选中;若要同时选中一组相邻的元件,可拖拽鼠标在电路窗口中的适当位置画出一个矩形,则该矩形框中的所有元件同时被选中。被选中的元件将会变为红色,易于识别。要取消某一元件的选中状态,可再次单击该元件,或用 Ctrl+鼠标左键单击取消被选中的一组元件中的某几个,若在电路窗口的空白处单击,则取消所有元件的选中状态。

### 3) 元件位置的调整

若要移动一个元件,只需用鼠标左键点击并拖拽该元件到指定位置即可。若要移动一组元件,须先选中这组元件,然后用鼠标左键拖拽其中的一个,则所有被选中的元件将一起移动。元件被移动后,与其相连接的导线会自动重新排列。另外,还可使用键盘上的箭头键使被选中的元件做微小的移位。

**4）元件的复制与删除**

可使用编辑（Edit）菜单或快捷菜单中的相关命令实现元件的复制（Copy）与删除（Delete）操作，也可用鼠标右键单击所选元件后打开快捷菜单进行操作。

若元件库是打开的，直接将元件拖回元件库也可实现删除操作。若需要将电路窗口中所有元件与仪器全部移走，只要按【Ctrl＋N】键即可实现。

### 3. 元件及仪器的连接

**1）元件互连**

连接元器件时，首先使鼠标箭头指向某元件的引脚端点，在出现一个小黑点时，按下鼠标左键并拖拽就可出现一根导线，将此导线拖拽到另一元件的引脚端点，再出现小黑点时，松开鼠标左键，即可实现 2 个元件引脚之间的互连，导线的走向及排列方式由系统自动完成。注意，每个小黑点（连接点）有 4 个方向可以引出导线，导线选择的方向不同会引起导线的走向及排列方式的差异。对于二端元件，在端点已经连线的情况下，若还需连线，可直接拖放到某根导线上，在出现小圆圈时松开鼠标左键，实现插入连接。

**2）元件与仪器的连接**

元件引脚与仪器面板上端子的互连方法与元件的连接完全相同，需要注意的是每种仪器端子的功能与接法，具体情况可参阅仪器的使用说明。

**3）在电路中插入元器件**

将要插入到电路中的元器件直接拖拽到连线上，松开鼠标左键，元器件即被插入电路。

**4）导线的删除**

在屏幕上将鼠标指向需要删除的导线某一端，使其出现小黑点，按住鼠标左键将该导线拖离相连的节点，再松开鼠标左键，该导线即被删除。另外，也可在该导线上单击鼠标右键，在弹出的菜单上选择删除（Delete）命令来完成。

**5）导线颜色的设置**

将鼠标指向某根导线，双击鼠标左键后可弹出导线属性（Wire Properties）菜单，在电路图选项（Schematic Options）中单击【设置导线颜色（Set Wire Color）】按钮，在 6 种给定的颜色中选择一种，然后按下【确定】按钮即可。连到示波器和逻辑分析仪的输入线的颜色即为显示波形的颜色，从而提高了显示结果的可读性（即可分辨性）。

**6）节点（Node）的设置**

在复杂的电路中，可以给每个节点设置标识、参考编号以及颜色等，这样有助于识别电路图。方法是在需要进行设置的节点上双击鼠标左键，在弹出的连接点属性(Connectors Properties)菜单上的节点选项中进行设置。

### 4. 仪器及仪表的使用

#### 1) 电压表(Voltmeter)和电流表(Ammeter)

如图 3A-25 所示,EWB 提供了两种基本测量仪表——电压表和电流表。在测量直流信号时,边框线为粗线的一端代表负极。

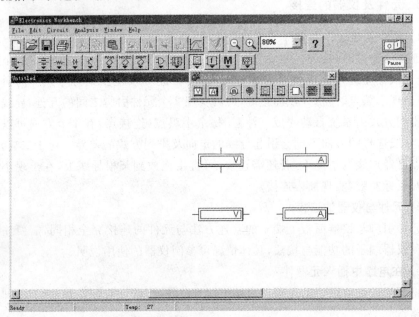

**图 3A-25　EWB 的电压表和电流表**

这两种仪表在显示器件(Indicator)库中,使用时没有数量的限制,可重复选用。双击电压表或电流表可弹出其属性对话框,在其中可以设置表计的内阻、用于测量直流(DC)还是交流(AC)信号,包括设置标号(Label)、故障(Fault)或显示(Display)选项。

#### 2) 万用表(Multimeter)

万用表(数字多用表)是一种可自动调整量程的数字式仪表,可用于测量交流或直流电压、电流、电阻、电平。其内阻和表头电流被缺省预置为接近理想值,其电压和电流挡的内阻,电阻挡的电流值和分贝挡标准电压值等参数可以根据需要进行设定。

万用表面板如图 3A-26 所示,面板上各按钮的使用说明如下。

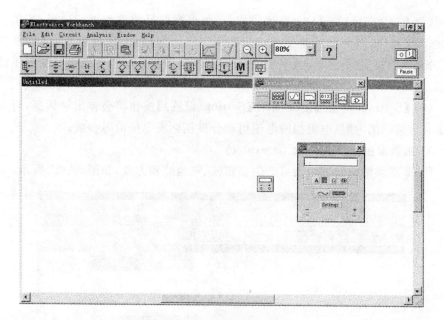

图 3A-26　EWB 的万用表

　　(1)【A(安培表)】按钮：用于测量通过某节点电路的电流,必须像实际的安培表一样串联在电路中进行测量。若要测量电路中其他点的电流,则必须重新连接,电路也要再次激活。如果需要测量电路中多个点的电流,可使用显示器(Indicators)器件库中的电流表。安培表的内阻很小,缺省设置为 1 nΩ,设置范围为几皮欧姆至几欧姆。

　　(2)【V(伏特表)】按钮：用于测量电路中两点间的电压,使用时需将电压表并联在待测元件两端。当电路被激活后,伏特表上的显示值不断变化,直至稳定在最终测量值。如果需要测量电路中多个点的电压,可使用显示器(Indicators)器件库中的电压表。伏特表的内阻很大,缺省设置为 1 MΩ,设置范围为几欧姆至几兆欧姆。

　　(3)【Ω(欧姆表)】按钮：用于测量电路中两个测量点间的电阻,这两个测量点之间的部分被称为元件网络。为了获得正确的测量结果,需要注意,元件网络中不能含有电源或信号源,元件或元件网络已经接地,万用表需设置为 DC,要断开与被测元件或元件网络的并联回路。若要测量电路中其他元件的电阻,则需重新连接,电路也要再次激活。欧姆表的表头电流较小,缺省设置为 0.01 μA,设置范围为几微安至几千安。

　　(4)【dB(分贝计)】按钮：用于测量电路中两点间的 dB(分贝)损失。计算 dB 的标准的缺省设置为 1 V,设置范围为几微伏至几千伏。

（5）【AC（交流）】或【DC（直流）】按钮：可根据信号的类型进行选择，若单击正弦波（AC）按钮，则测量的是交流信号的 RMS（均方根）电压或电流，信号中所有 DC 分量都将被去除；若单击【平直波（DC）】按钮，则测量的是直流信号的电压或电流值。

（6）【Setting（设置）】按钮：单击【Setting（设置）】按钮将会弹出对话框，可设置电压和电流挡的内阻、电阻挡的电流值和分贝挡标准电压值等参数。

### 3）函数发生器（Function Generator）

EWB 提供的函数发生器可产生正弦波、三角波和方波，如图 3A-27 所示。

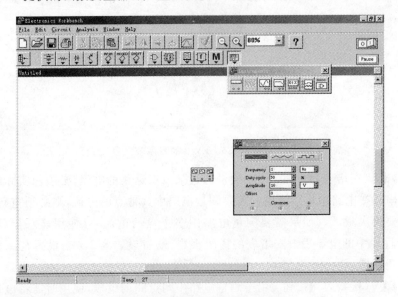

**图 3A-27　EWB 的函数发生器**

用鼠标左键双击函数发生器图标后出现面板，面板上包括波形、频率、占空比、幅度、偏移等选项，可设置的参数包括 Frequency（频率），调整范围为 0.1 Hz～999 MHz；Duty cycle（占空比）调整范围为 1%～99%，用于改变三角波和方波正负半周的比率，对正弦波不起作用；Amplitude（幅值）调整范围为 0.001 $\mu$V～999 kV，用于改变波形的峰值；offset（偏移）调整范围为 −999 kV～999 kV，用于给输出波形加上一个直流偏置电平。

### 4）示波器（Oscilloscope）

EWB 提供了一个可数字读数、可全程数字记录仿真过程的双踪（双通道）示波器，如图 3A-28 所示，可用于显示电信号大小和频率的变化，也可用于两个波形的比较，用鼠标左键双击示波器的图标将出现面板，按下面板上的【Expand】按钮可将示波器的屏幕展开。

　　为清楚地观察波形,可用鼠标左键双击连接到通道 A 和通道 B 的导线,将导线设置为不同颜色,则示波器上显示的波形颜色与导线颜色一致。

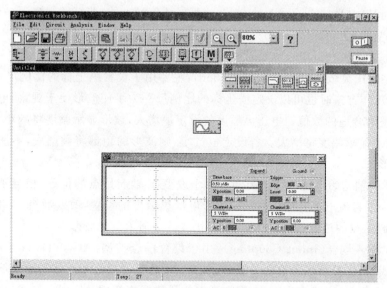

**图 3A-28　EWB 的示波器**

　　若电路被激活过,则将示波器的探头移到其他测试点时不需要重新激活该电路,屏幕上的显示将被自动刷新为新测试点的波形。无论是在仿真过程中还是仿真结束后,都可以改变示波器的设置,屏幕显示将自动刷新。

　　如果示波器的设置或分析选项改变后,需要提供更多的数据(如降低示波器的扫描速率等),则波形可能会出现突变或不均匀的现象,这时需将电路重新激活一次,以便获得更多的数据。也可通过增加仿真时间步长(Simulation Time Step)来提高波形的精度。

　　示波器面板上可设置的参数主要包括以下 9 种。

　　(1) 时基(Time Base):用于调整示波器横坐标或 $X$ 轴的数值。为了获得易于观察的波形,时基应与输入信号的频率成反比,即频率越高,时基应越小。通常取输入信号频率的 $1/3 \sim 1/5$。

　　(2) $X$ 轴初始位置($X$ Position):用于设置信号在 $X$ 轴上的初始位置。当该值为 0 时,信号将从屏幕的左边缘开始显示,正值从起点往右移,负值反之。

　　(3) 工作方式(Axes $Y/T$, $A/B$, $B/A$):$Y/T$ 工作方式用于显示以时间($T$)为横轴的波形;$A/B$ 和 $B/A$ 工作方式用于显示频率和相位差,如利萨如(Lissajous)图形,相当于真实示波器上的 $X$-$Y$ 或 $Y$ 工作方式。其也可用于显示磁滞环(Hysteresis Loop)。

当处于 A/B 工作方式时,波形在 $X$ 轴上的数值取决于通道 B 的电压灵敏度(V/div)的设置(B/A 工作方式时反之)。若要仔细分析所显示的波形,在仪器对话框内可选中"Pause after each screen(每屏暂停)"方式,要继续观察下一屏,可单击工作界面右上角的"Resume"框,或按【F9】键。

(4) 接地(Grounding):如果被测电路已经接地,那么示波器可以不再接地。

(5) 电压灵敏度(Volts per Division):主要用于设置纵坐标的比例尺,在 A/B 或 B/A 工作方式时也可以决定横坐标的比例尺。为了使波形便于观察,电压灵敏度应调整为合适的数值。电压灵敏度的设定值增大,波形显示幅度将减小;设定值减小,波形显示幅度将增大。若设定值过小,则波形的顶部将被削去,不能很好地显示波形。

(6) $Y$ 轴初始位置(Y Position):用于改变 $Y$ 轴起始点的位置,相当于给信号叠加了一个直流电平。电压值则取决于电压灵敏度的设置,改变通道 A 和通道 B 的 $Y$ 轴起始点的位置,可方便地观察和比较两个通道上的波形。

(7) 输入耦合(Input Coupling):用于设置耦合类型:AC,0,DC。当置于 AC 耦合方式时,仅显示信号中的交流分量。AC 耦合是通过在示波器的输入探头中串联电容(内置)的方式来实现的,像在真实的示波器上使用 AC 耦合方式一样,波形在前几个周期的显示是不正确的,等到计算出其直流分量并去除后,波形才能正确显示。当置于 DC 耦合方式时,将显示信号中的交流分量和直流分量之和。当置于 0 时,相当于将输入信号旁路,此时屏幕上会显示一条水平准线(触发方式需选择 AUTO)。

(8) 触发(Trigger),分以下 3 种。

触发边沿(Trigger Edge):若要首先显示正斜率波形或上升信号,可单击上升沿触发按钮;若要首先显示负斜率波形或下降信号,可单击下降沿触发按钮。

触发电平(Trigger Level):触发电平是示波器纵坐标上的一点,它与被显示波形一定要有相交点,否则屏幕上将没有波形显示(触发信号为 AUTO 时除外)。

触发信号(Trigger):包括内触发和外触发。内触发由通道 A 或通道 B 的信号来触发示波器内部的锯齿波扫描电路;外触发由示波器面板上的外触发输入口(位于接地端下方)输入一个触发信号。如果需要显示扫描基线,则应选择 AUTO 触发方式。

(9) 屏幕展开(Expand):按下面板上的【Expand】按钮,可将示波器的屏幕展开,展开后的示波器面板如图 3A-29 所示。若需要记录波形的准确数值,可将游标 1(通道 A)或游标 2(通道 B)拖到所需位置,对应的时间和电压的具体测量数值(包括任意两点的时间差和电压差),将显示在屏幕下面的方框里。根据需要还可将波形保存(所存文件名为 .SCP),用于以后的分析。【Reverse】键用来选择屏幕底色,按下【Reduce】键可恢复原状态。

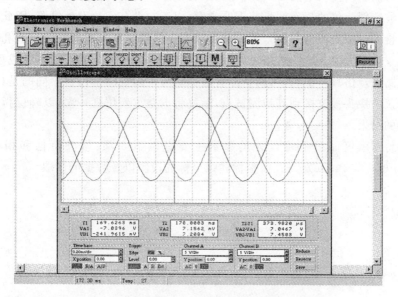

图 3A-29　展开后的示波器操作和显示界面

**5）波特图示仪（Bode Plotter）**

波特图示仪用于观测电路的频率特性，如图 3A-30 所示。

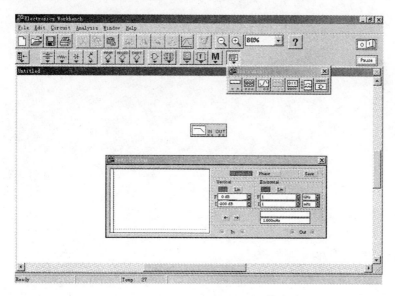

图 3A-30　EWB 的波特图示仪

　　波特图示仪接入电路后，将对电路进行频率分析，其功能类似于实验室中的扫频仪。波特图示仪的频率测量范围非常宽，由于它没有函数发生电路，因此必须在电路中接入一个交流信号源。波特图示仪横坐标和纵坐标比例尺的初值和终值被缺省预置为最大值。这些数据可以根据实际情况修改，但如果在仿真完成后修改，需将电路重新仿真一次，方可刷新原有数据。与大多数测量仪器不同的是，如果波特图示仪的探头被改接到其他测试点，最好将电路重新仿真一次，以确保得到完整与准确的结果。

　　波特图示仪面板上可设置的参数主要有以下 3 项：幅频特性和相频特性（Magnitude & Phase）选择、横坐标和纵坐标的设置以及数据的读取。

单 元 四

【信号与系统实验教程】

# EWB的分析功能

## 1．EWB 的基本分析功能

### 1）DC(直流)工作点分析(DC Operating Point Analysis)

如图 3A-31 所示,直流工作点分析功能主要是计算直流工作点,并报告每个节点的电压。

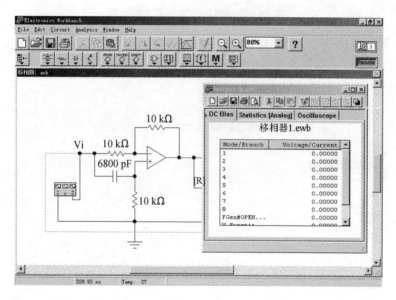

图 3A-31　EWB 的直流工作点分析

### 2）AC(交流)频率分析(AC Frequency Analysis)

交流频率分析功能如图 3A-32 所示,主要是在给定的频率范围内,计算电路中任意节点的小信号增益及相位随频率的变化关系。可用线性或对数(十倍频或二倍频)坐标,并以一定的分辨率完成上述频率扫描分析。

在对模拟电路中的小信号电路进行 AC 频率分析时,数字器件对地将呈高阻态。

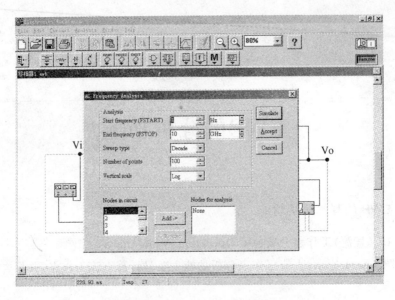

**图 3A-32　EWB 的交流工作点分析**

### 3) 瞬态分析(Transient Analysis)

该功能主要分析是在给定的起始和终止时间范围内,计算任意节点上电压随时间的变化关系,如图 3A-33 所示。

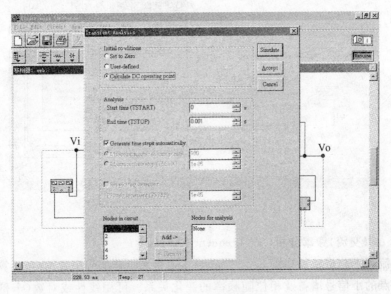

**图 3A-33　EWB 的瞬态分析**

### 4）傅里叶分析（Fourier Analysis）

该功能主要是在给定的频率范围内，对电路的瞬态响应进行傅里叶分析，计算出该瞬态响应的 DC 分量、基波分量以及各次谐波分量的幅值及相位，如图 3A-34 所示。

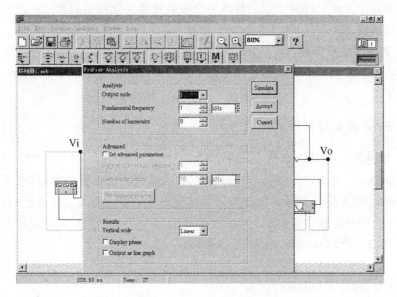

图 3A-34　EWB 的傅里叶分析

### 5）噪声分析（Noise Analysis）

该功能主要是对指定的电路输出节点、输入噪声源以及扫描频率范围，计算所有电阻与半导体器件噪声的均方根值及其对电路的影响。

### 6）失真分析（Distortion Analysis）

该功能主要对给定的任意节点以及扫描范围、扫频类型（线性或对数）与分辨率，计算总的小信号稳态谐波失真以及互调失真。

### 2．EWB 的扫描分析功能

### 1）参数扫描分析（Parameter Sweep Analysis）

该功能对给定的元件及其需要变化（扫描）的参数和扫描范围、类型（线性或对数）与分辨率，可选择被分析元件参数的起始值、终值和增量值，来控制参数值扫描分析过程，计算电路的 DC，AC 或瞬态响应，以确定各个参数对这些性能的影响程度。

**2）温度扫描分析(Temperature Sweep Analysis)**

该功能主要对给定的温度变化(扫描)范围、扫描类型(线性或对数)与分辨率,计算电路的 DC,AC 或瞬态响应,以确定温度对这些性能影响程度。

**3）交流灵敏度分析(AC Sensitivity Analysis)**

该功能主要用于计算指定元件的某个参数及其变化所引起的 AC 电压与电流的变化灵敏度。

**4）直流灵敏度分析(DC Sensitivity Analysis)**

该功能主要用于计算指定元件某个参数及其变化所引起的 DC 电压与电流变化灵敏度。

## 3．EWB 的高级分析功能

**1）零极点分析(Pole-Zero Analysis)**

该功能主要对给定的输入与输出节点,以及被分析的参数的类型(增益或阻抗的传递函数,输入阻抗或输出阻抗),计算其交流小信号传递函数的零点和极点,以获得有关电路稳定性的信息。

**2）传递函数(Transfer Function Analysis)**

该功能主要对给定的输入源与输出节点,计算电路的 DC 小信号传递函数以及输入阻抗、输出阻抗和 DC 增益。

## 4．EWB 的统计分析功能

**1）最坏情况分析(Worse Case Analysis)**

该功能主要用于计算电路中所有元件的参数在其容差范围内改变时,所引起的 DC,AC 或瞬态响应变化的最大方差。"最坏情况"是指元件参数的容差设置为最大值/最小值,或者最大上升值/最大下降值。

**2）蒙特卡罗分析(Monte-Carlo Analysis)**

该功能主要用于计算在给定的容差范围内,当元件参数随机变化时,对电路的 DC,AC 与瞬态响应的影响。可以对元件参数容差的随机分布函数进行选择,使分析结果更符合实际情况。通过该分析可以预计元件的误差而导致所设计的电路不合格的概率。

蒙特卡罗分析如图 3A-35 所示。

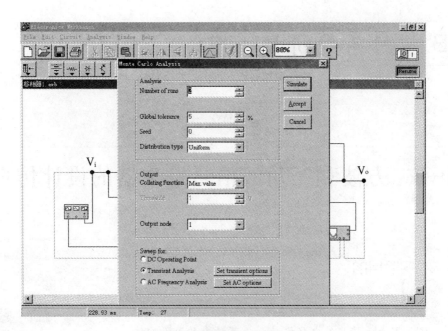

图 3A-35　EWB 的蒙特卡罗分析

# B 信号系统仿真实验

## 实验一

【信号与系统实验教程】

# 正弦、方波和三角波信号发生器的设计仿真

 **实验目的**

(1) 了解正弦波、方波和三角波的特点。

(2) 掌握正弦波的电路设计和振荡频率的测量方法。

(3) 掌握方波和三角波信号的电路设计。

(4) 学会通过 EDA 进行电路仿真和虚拟示波器的使用。

 **实验原理**

### 1. 正弦信号的产生

利用文氏电桥振荡器产生正弦波,电路原理如图 3B-1 所示,根据该电路的原理图,可得振荡所产生的正弦波频率为

$$f_0 = \frac{1}{2\pi RC} \tag{3-1}$$

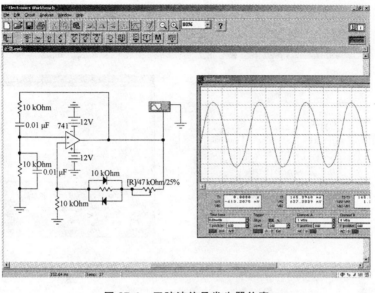

**图 3B-1　正弦波信号发生器仿真**

## 2. 方波和三角波信号的产生

用 555 定时器产生脉宽波的电路详见第 2 篇"信号与线性系统实验"中实验二,其仿真电路和结果如图 3B-2 所示。在本实验中,用运算放大器组成的方波和三角波发生器电路如图 3B-3 所示。

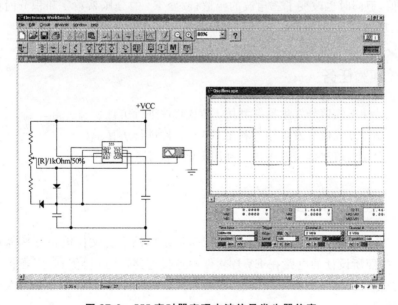

**图 3B-2　555 定时器实现方波信号发生器仿真**

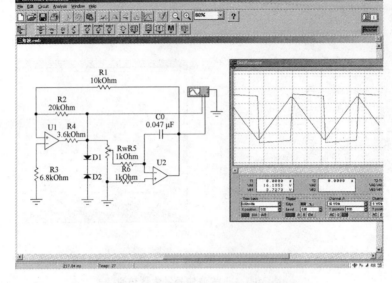

**图 3B-3　运放实现方波信号发生器仿真**

若电位器 $R_w$ 的分压系数为 $\alpha$，则振荡频率 $f_z$ 为

$$f_z = \frac{\alpha R_2}{4 R_1 R_5 C_0} \tag{3-2}$$

稳压二极管对输出方波进行限幅，改变稳压二极管的稳压值，可以调节输出方波的幅值，但同时也改变了三角波的幅值；改变 $R_w$ 的分压系数 $\alpha$ 和积分时间常数 $R_5 \times C_0$，可以调节振荡频率，但不影响输出波形的幅值。

## 实验任务

（1）设计正弦信号发生器并利用 EWB 软件进行仿真。
（2）设计方波信号发生器并利用 EWB 软件进行仿真。
（3）设计三角波信号发生器并利用 EWB 软件进行仿真。

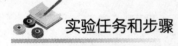

## 实验任务和步骤

（1）设计正弦信号发生器或按图 3B-1 所示电路设计文氏电桥振荡器产生正弦信号，按照所设计的电路在 EWB 软件中连接电路，并运行仿真，用虚拟示波器观察正弦信号并测量其频率和幅值，改变相关阻容器件的参数，观察信号及其参数的变化情况。

（2）设计方波信号发生器或按图 3B-2 所示电路实现 555 多谐振荡电路产生脉宽波信号，按照设计的电路在 EWB 软件中连接电路，并运行仿真，用虚拟示波器观察正弦信号并测量其频率和幅值；改变电位器的比例设置，观察信号及其参数的变化情况。

（3）设计三角波信号发生器或按图 3B-3 所示电路设计电路产生方波和三角波信号，按照设计的电路在 EWB 软件中连接电路，参数选取为：$R_1 = 10\ \text{k}\Omega$，$R_2 = 20\ \text{k}\Omega$，$R_w = 10\ \text{k}\Omega$，$R_5 = 10\ \text{k}\Omega$，$C_0 = 0.047\ \mu\text{F}$，$\alpha = 1$，并运行仿真，用虚拟示波器观察方波和三角波信号并测量其频率和幅值，改变相关阻容器件的参数，观察信号及其参数的变化情况。

215

## 实验报告要求

（1）对所设计的正弦波、方波和三角波的原理进行分析，推导频率等相关参数的计算公式，并将频率的理论计算值与实测值进行比较。

（2）画出正弦波、方波和三角波的波形，标明周期和幅度。

（3）分析主要器件参数的选取对各信号频率和幅值等相关参数的影响。

（4）分析实验测量结果和理论分析的一致性及误差，并分析产生误差的原因。

# 实 验 二

【信号与系统实验教程】

# 信号的合成和滤波电路对信号的影响

216

## 实验目的

(1) 掌握利用运算放大器构成加法器实现信号合成的方法。

(2) 学会对合成的信号进行时域和频域分析和测量的方法。

(3) 加深对滤波器的理解,掌握滤波器特性对信号的影响。

(4) 学会通过 EDA 进行电路频域分析仿真,掌握频率特性的测量。

## 实验原理

利用集成运算放大器构成信号合成器,电路如图 3B-4 所示。在运放的同相输入端加入不同频率的两个信号 $V_{i1}$ 和 $V_{i2}$,当电路中各电阻的阻值相等时,运放的输出如式(3-3)所示,两个输入信号的幅值应低于集成运放的电源电压,否则输出信号将出现失真。

$$V_o = V_{i1} + V_{i2} \qquad (3\text{-}3)$$

将集成运放的输出合成信号经过滤波器电路后输出,根据滤波器的滤波特性,高通或低通滤波器将使运放输出信号中的低频或高频信号被滤除,滤波器输出高频或低频信号。

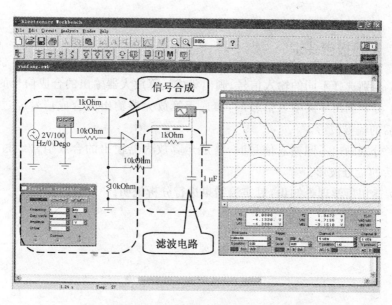

图 3B-4　信号合成及滤波电路对信号影响仿真

 实验任务

（1）利用集成运算放大器构成加法电路，加入不同频率的信号，观察合成的信号。

（2）观察低通滤波电路对信号的影响。

（3）观察高通滤波电路对信号的影响。

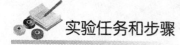 实验任务和步骤

（1）从元器件库中调用相关器件，按照图 3B-4 连接电路，选择不同频率的正弦信号或方波信号，分别加在加法电路的两个输入端，用虚拟示波器分别观察输入信号和运放的输出信号，并进行比较。

（2）选择适当频率的两个输入信号，合成所需信号。连接低通滤波电路，并合理设置滤波器中器件的参数，将运放的输出信号加在滤波器的输入端，分别用示波器观察输入信号和输出信号，并进行比较。

（3）选择适当频率的两个输入信号，合成所需信号。连接高通滤波电路，并合理设置滤波器中器件的参数，将运放的输出信号加在滤波器的输入端，分别用示波器观察输入信号和输出信号，并进行比较。

**实验报告要求**

（1）分别选择不同的输入信号，画出集成运算放大器输出的合成信号的波形。

（2）分别画出不同输入信号时，集成运算放大器输出的合成信号经过低通滤波电路后的信号波形。

（3）分别画出不同输入信号时，集成运算放大器输出的合成信号经过高通滤波电路后的信号波形。

（4）运用所学理论知识，对实验结果进行分析说明。

# 实 验 三

# 信号的频域分析

 **实验目的**

（1）掌握低通、高通、带通、带阻等滤波器的实现方法和滤波特性。

（2）通过对各类滤波器的测试和观察，加深对滤波器的理解。

（3）掌握滤波器特性对信号的影响，掌握信号滤波的频率特性。

（4）学会通过 EDA 进行电路的频域分析仿真，利用虚拟仪器进行频率特性的测量。

 **实验原理**

频域分析法是将信号分解为一系列的等幅正弦函数或虚幂指数函数，在求取系统对每一单元信号的响应后，将响应叠加，求得系统对复杂信号的响应。

频域分析法主要研究信号频谱通过滤波电路以后产生的变化。因为系统对不同频率的等幅正弦信号呈现的特性不同，因而对信号中各个频率分量的相对大小将产生不同的影响，同时各个频率分量也将产生不同的相移，使得各频率分量在时间轴上的相对位置产生变化。叠加所得的信号波形就不同于输入信号的波形，从而达到对信号进行处理的目的。

频域中零状态响应 $R(j\omega)$ 与激励 $E(j\omega)$ 的函数 $H(\omega)$ 称为频域的系统函数。

$$H(j\omega) = \frac{R(j\omega)}{E(j\omega)} \tag{3-4}$$

式中，$R(j\omega)$ 为零状态响应的频谱函数；$E(j\omega)$ 为激励信号的频谱函数。

如果系统由电路模型给出，则由电路的正弦稳态的相量分析方法，不难求得频

域系统函数 $H(j\omega)$。

　　频域中系统函数是频率的函数,故又称为频率响应函数,简称频响。

$$H(j\omega) = |H(j\omega)|e^{j\varphi(\omega)} \tag{3-5}$$

式中,$|H(j\omega)|$ 为 $H(j\omega)$ 的幅值,其随频率 $\omega$ 的变化关系称为幅频响应。$\varphi(\omega)$ 则为 $H(j\omega)$ 的相位,其随频率 $\omega$ 的变化关系称为相频响应。

　　对于低通、高通、带通等不同类型的滤波器,根据其滤波特性,将分别使低频、高频、有效带宽频率范围内的信号通过滤波网络。

 **实验任务**

　　(1) 设计并连接低通滤波器电路,利用 EWB 仿真软件进行频率特性测量。

　　(2) 设计并连接高通滤波器电路,利用 EWB 仿真软件进行频率特性测量。

　　(3) 设计并连接带通滤波器电路,利用 EWB 仿真软件进行频率特性测量。

 **实验任务和步骤**

　　(1) 从元器件库中调用相关器件和函数信号发生器、示波器和波特图示仪等虚拟测试仪器,按照图 3B-5 连接电路实现低通滤波(或自行设计有源低通滤波器),将函数信号发生器加至滤波器的输入端;改变信号频率,用虚拟示波器的两个通道分别观察滤波器的输入信号和输出信号,并比较频率改变后输出信号的变化情况;将波特图示仪接入滤波电路,观察并测量低通滤波器的频率特性。

　　(2) 将图 3B-5 连接电路中的低通滤波器电路改为高通滤波器(自行设计),实现高通滤波,将函数信号发生器加至滤波器的输入端;改变信号频率,用虚拟示波器的两个通道分别观察滤波器的输入信号和输出信号,并比较频率改变后输出信号的变化情况;将波特图示仪接入滤波电路,观察并测量高通滤波器的频率特性。

　　(3) 将图 3B-5 连接电路中的低通滤波器电路改为带通滤波器(自行设计),实现带通滤波,将函数信号发生器加至滤波器的输入端;改变信号频率,用虚拟示波器的两个通道分别观察滤波器的输入信号和输出信号,并比较频率改变后输出信号的变化情况;将波特图示仪接入滤波电路,观察并测量带通滤波器的频率特性。

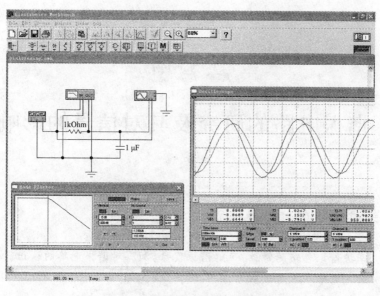

**图 3B-5 滤波器频率特性分析仿真**

 ## 实验报告要求

（1）说明输入信号频率改变时低通滤波器输出信号的变化情况，画出滤波器的频率特性曲线，确定滤波器的截止频率。

（2）说明输入信号频率改变时高通滤波器输出信号的变化情况，画出滤波器的频率特性曲线，确定滤波器的截止频率。

（3）说明输入信号频率改变时带通滤波器输出信号的变化情况，画出滤波器的频率特性曲线，确定滤波器的截止频率和带宽。

（4）运用所学理论知识，对实验结果进行分析说明，分析无源滤波器和有源滤波器的优缺点。

# 实验四

【信号与系统实验教程】

## 谐振电路的研究及其对信号的影响

222

 **实验目的**

(1) 掌握谐振电路的特性,了解谐振现象,加深对谐振电路的认识。

(2) 研究电路参数对串联谐振电路的影响。

(3) 掌握测绘谐振曲线的方法。

(4) 学会通过 EDA 进行谐振电路的谐振特性的分析仿真。

 **实验原理**

### 1. 谐振电路的特性

当含有电感 $L$、电容 $C$ 的一端口网络的端口电压和电流同相位、呈现电阻性质时,称该一端口网络处于谐振状态,通过调节电路参数或电源频率能发生谐振的电路,称为谐振电路。谐振是线性电路在正弦稳态下的一种特定工作状态。

对于 RLC 串联一端口网络,电路的等效阻抗为

$$Z = R + j\left(\omega L - \frac{1}{\omega C}\right) \tag{3-6}$$

根据谐振的定义,当发生谐振时,RLC 串联电路的端口电压和端口电流同相位,此时式(3-6)复阻抗的虚部为 0,可解得谐振角频率和频率分别为

$$\omega_0 = \frac{1}{\sqrt{LC}} \tag{3-7}$$

$$f_0 = \frac{1}{2\pi \sqrt{LC}} \tag{3-8}$$

固定式(3-7)或式(3-8)中的任意两项,调节另一项,使电路满足上式就能发生谐振。

### 2. *RLC* 串联谐振电路的特性

(1) 当 *RLC* 串联谐振电路发生谐振时,谐振电路的阻抗达到最小。

(2) 当 *RLC* 串联谐振电路发生谐振时,谐振电路的总电流达到最大,电阻上的输出达到最大值。

(3) 当 *RLC* 串联谐振电路发生谐振时,电路的电流和总电压同相位。

(4) 当 *RLC* 串联谐振电路发生谐振时,电路中电感和电容的电压有效值相等,相位相反,两者之和为零,电阻上的电压等于总电压。

## 实验任务

(1) 定性观察 *RLC* 谐振电路的谐振现象,确定电路的谐振点;

(2) 测量 *RLC* 串联谐振电路的谐振曲线;

(3) 设计并联谐振电路,观察谐振现象,并测量相关数据。

## 实验任务和步骤

(1) 从元器件库中调用相关器件和函数信号发生器、示波器、电压表和电流表等虚拟测试仪器,按照图 3B-6 连接电路实现 *RLC* 串联谐振电路,其中 $R_0$ 为采样电阻,将函数信号发生器设为正弦信号,加至谐振电路的输入端;改变信号源的频率,用虚拟示波器的两个通道分别观察输入信号和采样电阻的信号,并用电压表和电流表检测电路的工作情况,观察电路的谐振现象,查寻谐振点,确定谐振点的频率。

注意:电压表并联在电路中,其内阻应设为"1M",Mode 设置为"AC";电流表串联在电路中,其内阻应设为"1p",Mode 设置为"AC"。

(2) 在图 3B-6 中,设置 $L=0.35$ H,$C=2$ $\mu$F,调节信号源的频率,以谐振频率 $f_0$ 为中心,左右各取一些测量点,用示波器定性观察,频率调节过程中端口电压和端口电流波形的相位关系,观察分析当频率由小变大时,*RLC* 串联谐振电路从电容电路变化为电感电路的转变过程,将实验数据记录于表 3-1 中。

(3) 电路,观察其谐振现象,并测量相关数据。

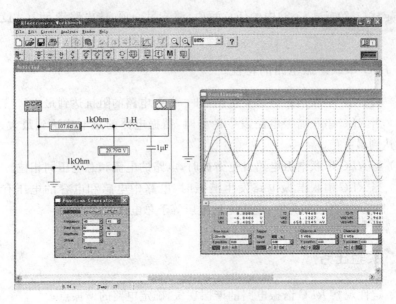

**图 3B-6   *RLC* 串联谐振电路仿真**

**表 3-1   谐振曲线测量数据**

| $f/\mathrm{Hz}$ | | | | | | | | | |
|---|---|---|---|---|---|---|---|---|---|
| $f/f_0$ | | | | | | | | | |
| $I/\mathrm{A}$ | | | | | | | | | |
| $I/I_0$ | | | | | | | | | |

 **实验报告要求**

（1）绘出 *RLC* 串联谐振电路的频响特性曲线，并确定电路谐振点频率。

（2）确定"实验 *RLC* 任务和步骤"（2）中的谐振点频率，根据表 3-1 中记录的测量数据作出通用谐振曲线，确定通带宽，并将实验结果与理论计算结果进行比较。

（3）说明 *RLC* 串联谐振电路的特点，分析取样电阻的取值对结果的影响。

（4）分析自行设计的并联谐振电路，绘出频响特性曲线，并确定谐振点频率。

## 实 验 五

【信号与系统实验教程】

# 时序逻辑电路设计和时序信号产生

 **实验目的**

(1) 熟悉并掌握用 555 定时电路构成多谐振荡器的功能和原理。

(2) 掌握利用移位寄存器芯片 74194 产生不同频率时序信号的工作原理。

(3) 掌握时序逻辑电路和移位寄存器的仿真测试方法。

 **实验原理**

　　555 定时电路构成多谐振荡器的原理详见第 2 篇"信号与线性系统实验"中实验二所示。

　　四位双向移位寄存器 74194 的逻辑功能表如表 3-2 所示。

表 3-2　四位双向移位寄存器 74194 的逻辑功能表

| C | MODE | | CLK | SERIAL | | PARALLEL | | | | OUTPUTS | | | |
|---|---|---|---|---|---|---|---|---|---|---|---|---|---|
| | S1 | S0 | | SL | SR | A | B | C | D | QA | QB | QC | QD |
| 0 | × | × | × | × | × | × | × | × | × | 0 | 0 | 0 | 0 |
| 1 | × | × | 0 | × | × | × | × | × | × | QA0 | QB0 | QC0 | QD0 |
| 1 | 1 | 1 | pos | × | × | a | b | c | d | a | b | c | d |
| 1 | 0 | 1 | pos | × | 1 | × | × | × | × | 1 | QAn | QBn | QCn |
| 1 | 0 | 1 | pos | × | 0 | × | × | × | × | 0 | QAn | QBn | QCn |
| 1 | 1 | 0 | pos | 1 | × | × | × | × | × | QBn | QCn | QDn | 1 |
| 1 | 1 | 0 | pos | 0 | × | × | × | × | × | QBn | QCn | QDn | 0 |
| 1 | 0 | 0 | × | × | × | × | × | × | × | QA0 | QB0 | QC0 | QD0 |

 实验任务

（1）用 555 定时电路构成多谐振荡器，产生所需信号。

（2）用移位寄存器芯片 74194 实现时序信号发生器。

（3）将 555 时序电路产生的脉冲信号作为移位寄存器的时钟信号，产生不同频率的时序信号。

 实验任务和步骤

（1）从元器件库中调用 555 定时器、74194、开关、电阻、电容等器件以及虚拟示波器和指示灯，按照图 3B-7 连接电路。

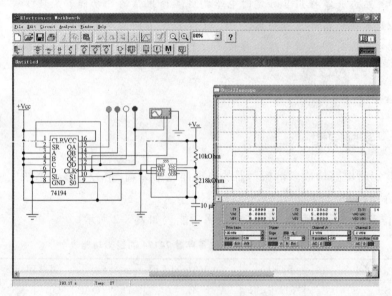

**图 3B-7　时序逻辑电路设计仿真**

（2）按计算机键盘上的空格键使开关接至地，即使 74194 的方式选择开关 S1 置 0，开启仿真电源开关，再按键盘空格键使开关接电源，即使 S1 置 1，观察指示灯的状态并记录初始状态。然后使 S1 置 0，观察指示灯的亮灭情况，记录灯的状态。

（3）再执行步骤（2）的过程，用虚拟示波器的两个通道分别观察 555 定时器输出信号（即 74194 的时钟信号）和 74194 输出端的信号。测量灯灭的时间和信号的周期。

（4）将电路中电容由 10 μF 改为 1 μF，再执行上述两个步骤，调节示波器，观

察并测量灯灭的情况和信号的周期。

（5）将 555 定时器换为函数信号发生器，调节相关参数，重复上述实验，观察灯的亮灭情况，用示波器观察并测量相关参数。

 **实验报告要求**

（1）画出实验电路，进行必要的分析、计算。

（2）画出 555 定时器输出信号与 74194 输出各信号的时序图。

（3）整理实验数据，将实测数据与理论值进行比较。

227

# 实验六

【信号与系统实验教程】

# 移相电路设计及其对信号相位的影响

 **实验目的**

（1）熟悉并掌握基于运算放大器的移相电路的功能和原理。

（2）掌握移相电路对信号相位的影响及其调节方法。

（3）掌握移相电路对信号相位影响的仿真测试方法。

 **实验原理**

由运算放大器构成的参考移相电路如图 3B-8 所示，移相电路的工作原理是保持输入信号的幅值不变，通过调节电位器改变其阻值，从而改变输出信号与输入信号的相位关系。

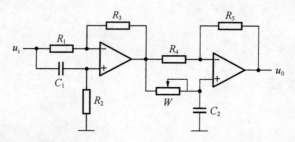

**图 3B-8　运算放大器构成的移相电路**

由图 3B-8 可求得该电路的闭环增益 $G(s)$ 为

$$G(s)=\left[\frac{R_2C_1s}{R_2C_1s+1}\left(1+\frac{R_3}{R_1}\right)-\frac{R_3}{R_1}\right]\cdot\left[\frac{1}{WC_2s+1}\left(1+\frac{R_5}{R_4}\right)-\frac{R_5}{R_4}\right] \tag{3-9}$$

则有

$$G(\mathrm{j}\omega)=\left[\frac{\mathrm{j}\omega R_2 C_1}{\mathrm{j}\omega R_2 C_1+1}\left(1+\frac{R_3}{R_1}\right)-\frac{R_3}{R_1}\right]\cdot\left[\frac{1}{\mathrm{j}\omega WC_2+1}\left(1+\frac{R_5}{R_4}\right)-\frac{R_5}{R_4}\right] \quad (3\text{-}10)$$

当 $R_1=R_2=R_3=R_4=R_5$ 时,由式(3-10)整理如下:

$$G(\mathrm{j}\omega)=\frac{(\omega R_2 C_1+\omega WC_2)^2-(1-\omega^2 R_2 WC_1 C_2)^2}{(1+\omega^2 R_2^2 C_1^2)(1+\omega^2 W^2 C_2^2)}+$$
$$\mathrm{j}\frac{2(\omega R_2 C_1+\omega WC_2)(1-\omega^2 R_2 WC_1 C_2)}{(1+\omega^2 R_2^2 C_1^2)(1+\omega^2 W^2 C_2^2)} \quad (3\text{-}11)$$

由式(3-11)可得

$$|G(\mathrm{j}\omega)|=1 \quad (3\text{-}12)$$

$$\tan\varphi=\frac{2\left(\dfrac{1-\omega^2 R_2 WC_1 C_2}{\omega R_2 C_1+\omega WC_2}\right)}{1-\left(\dfrac{1-\omega^2 R_2 WC_1 C_2}{\omega R_2 C_1+\omega WC_2}\right)^2} \quad (3\text{-}13)$$

根据正切三角函数半角公式

$$\tan\varphi=\frac{2\tan\dfrac{\varphi}{2}}{1-\tan^2\dfrac{\varphi}{2}} \quad (3\text{-}14)$$

则有

$$\tan\frac{\varphi}{2}=\frac{1-\omega^2 R_2 WC_1 C_2}{\omega R_2 C_1+\omega WC_2} \quad (3\text{-}15)$$

由式(3-15)可得

$$\varphi=2\arctan\left(\frac{1-\omega^2 R_2 WC_1 C_2}{\omega R_2 C_1+\omega WC_2}\right) \quad (3\text{-}16)$$

由式(3-16)可以看出,调节电位器 $W$ 将产生相应的相位变化,当输入信号与输出信号同相时,$\varphi=0$,则有

$$W=\frac{1}{\omega^2 R_2 C_1 C_2} \quad (3\text{-}17)$$

当 $W>\dfrac{1}{\omega^2 R_2 C_1 C_2}$ 时,输出信号的相位滞后于输入信号;当 $W<\dfrac{1}{\omega^2 R_2 C_1 C_2}$ 时,输出信号的相位超前于输入信号。

 **实验任务**

(1) 运用集成运算放大器设计移相电路并分析其原理。

(2) 运用仿真设计软件 EWB 进行移相电路的仿真。

(3) 观察并测量移相电路输入信号与输出信号的相位关系,观察电位器设置

改变对相位变化的影响,测量最大超前和滞后相位。

## 实验任务和步骤

（1）运行 EWB 软件,在其操作界面的电路连接窗口中,按照图 3B-8 所示移相电路或自行设计移相电路,从元器件库中选择运放、电阻、电容、电位器、函数信号发生器、示波器、"接地"等元器件和虚拟仪器,连接移相器仿真电路,如图 3B-9所示。

设置各电阻、电容和电位器的参数,设置运放的型号。$R_1 \sim R_5$ 各电阻的取值都为 10 kΩ,电位器 W 取为 10 kΩ,电容 $C_1$ 的取值为 6 800 pF,电容 $C_2$ 的取值为0.022 μF。

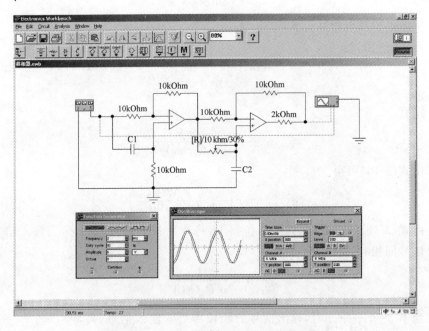

**图 3B-9    运算放大器构成的移相电路仿真**

（2）将函数信号发生器连接至电路输入端,"＋"端接 $u_i$,"－"端接地。双击信号发生器图标进入设置界面,波形选择正弦信号,设置信号频率和幅度等相关参数,取频率为 2 kHz,幅度为 2 V。参数设置后可关闭函数信号发生器设置界面。

（3）将示波器的两个通道分别连接至输入信号和输出信号,双击示波器图标,点击【Expand】按钮将示波器面板展开,将扫描时间和幅值量程调至合适的数值,对输入信号与输出信号的幅值和相位进行测量比较。

根据式(3-17)计算输入信号和输出信号同相时的电位器的阻值 $W_0$ 后,双击电位器图标,设置其阻值。点击启动开关运行仿真程序,稍后点击【暂停(Pause)】按钮,观察输入信号与输出信号的相位关系。

(4) 分别调节电位器的阻值由 $W_0$ 变大或变小,则输出信号分别滞后或超前于输入信号。

将电位器阻值调至最大,点击启动开关运行仿真程序,稍后点击【暂停(Pause)】按钮,观察输入信号与输出信号的相位关系。移动示波器中的两个标尺(游标),测量输入信号和输出信号的对应位置(如过零点或最大值)间的时间差(可直接从示波器的展开面板上读时间差),从而计算出输出信号滞后于输入信号的相位。

将电位器阻值调至最小,点击启动开关运行仿真程序,稍后点击【暂停(Pause)】按钮,观察输入信号与输出信号的相位关系。移动示波器中的两个标尺,测量输入信号和输出信号的对应位置(如过零点或最大值)间的时间差(可直接从示波器的展开面板上读时间差),从而计算出输出信号超前于输入信号的相位。

(5) 记录各步操作中的典型数据。

(6) 双击函数信号发生器图标,改变信号的频率,再进行仿真,观察信号频率变化后对输入信号与输出信号相位关系的影响。

## 实验报告要求

(1) 画出由运算放大器实现的移相电路,说明其原理,进行必要的分析和计算。

(2) 测量输入信号和输出信号同相时电位器的设置值,测量并计算输出信号与输入信号之间相位超前和滞后的最大值。

(3) 整理实验数据,将实测数据与理论值进行比较。

# 参 考 文 献

［1］管致中,等:《信号与线性系统上册》(第 4 版),高等教育出版社,2004 年。

［2］管致中,等:《信号与线性系统下册》(第 4 版),高等教育出版社,2004 年。

［3］和卫星,等:《信号与系统分析》,西安电子科技大学出版社,2007 年。

［4］高平,等:《信号系统实验教程》,化学工业出版社,2008 年。

［5］陈晓平,等:《电路实验教程与仿真设计教程》,东南大学出版社,2005 年。

［6］成立,等:《数字电子技术》,机械工业出版社,2003 年。

［7］泰克公司:《TDS200—系列数字式实时示波器用户手册》。

［8］泰克公司:《TDS1000 和 TDS2000 系列数字式示波器用户手册》。

［9］解放军理工大学通信工程学院:《信号与系统实验指导书》。

［10］解放军理工大学通信工程学院:《现代通信技术实验指导书》。